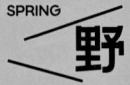

SPRING
野

更具体地生长

All This Wild Hope

这个世界口口声声说着要欣赏复杂的女性，
却难以面对她们的离经叛道。

时尚是一把钥匙，能解开关于
权力、性、阶级的种种问题。

Véronique Hyland

穿衣自由？

时尚背后的文化与抗争

［美］韦罗妮克·海兰 著

任瑞洁 译

Véronique Hyland

Dress Code:
Unlocking Fashion from
the New Look to Millennial Pink

广西师范大学出版社

GUANGXI NORMAL UNIVERSITY PRESS

·桂林·

图书在版编目（CIP）数据

穿衣自由？：时尚背后的文化与抗争／（美）韦罗妮克·海兰著；任瑞洁译. -- 桂林：广西师范大学出版社，2025.5（2025.7重印）. -- ISBN 978-7-5598-7967-7

Ⅰ. TS941.11

中国国家版本馆CIP数据核字第20250QU446号

DRESS CODE: Unlocking Fashion From the New Look to Millennial Pink
Copyright © 2022 by Véronique Hyland
Published by arrangement with Harper Perennial, an imprint of HarperCollins Publishers.

著作权合同登记号桂图登字：20-2025-008 号

CHUANYI ZIYOU？：SHISHANG BEIHOU DE WENHUA YU KANGZHENG
穿衣自由？：时尚背后的文化与抗争

作　　者：（美）韦罗妮克·海兰
译　　者：任瑞洁
责任编辑：彭　琳
特约编辑：徐　露　赵雪雨
装帧设计：崔晓晋
封面图片：Ed van der Elsken / Nederlands Fotomuseum
内文制作：陆　靓

广西师范大学出版社出版发行

　广西桂林市五里店路 9 号　邮政编码：541004
　网址：www.bbtpress.com
出版人：黄轩庄
全国新华书店经销
发行热线：010-64284815
北京启航东方印刷有限公司印刷
开本：889mm×1194mm　1/32
印张：10　　　　　字数：184千
2025年5月第1版　　2025年7月第2次印刷
定价：59.00元

如发现印装质量问题，影响阅读，请与出版社发行部门联系调换。

目　录

表象：时尚与广阔世界

高跟鞋：为父权制打扮

献给我的妈妈

她是我心中唯一的风格女王

序

　　十四岁那年，我踏上了一场"朝圣之旅"——去看一条连衣裙。那是山本耀司设计的白色礼服裙，坊间又称"秘密之裙"，裙撑与裙子之间增加了独特的拉链隔层，穿着它的模特在走秀过程中会从隔层中接连掏出凉鞋、开衫、帽子和手套。我只是单纯地想要近距离观赏它。销售看出我并非目标客户，毕竟那时我看起来大概只有十一岁。他们迅速判断出我不是有钱又有品的童婚新娘，于是礼貌地请我向后退一大步。

　　这是我第一次从杂志和电脑屏幕之外接触秀场时尚。我沉迷于那个怪异乖张的小世界，甚至让它成为自己的事业。从这点上看，我或许是无可救药的时尚信徒。时常有人跟我说，他们对时尚一点都不在乎，时尚对他们也没有丝毫影响，穿着连帽衫、瑜伽裤可以去任何地方。每当此时，我总是语塞。

　　前一个论断可能是对的，你当然不必在意时尚、当代小说、艺术界、独立音乐、酸面包做法，但时尚与这些领域有着根本性的不同。对于时尚，你别无选择，只能加入。哪怕读这篇序时你身处裸体主义[1]社群，也总会有些时刻不得不穿上衣服，比如去车管所办事的时候。在许多人眼中，时尚往往不重要且非常肤浅，只有高级定制时装算是一种艺术形式，可以被严肃看待。

即使你的衣柜里一片黑色，即使你只穿休闲运动服，即使你刻意不在穿搭上花心思，你都在通过穿着表达某种态度。甚至"反时尚"本身就是一种时尚宣言。归根结底，时尚与其说是一种选择，不如说是一个囊括所有人的系统，就像天气、卡戴珊家族[2]、晚期资本主义一样，我们生活在其中，对其做出反应。

对时尚的某些排斥源于性别歧视，还夹杂着些许恐同情绪。根据我的经验，认为只有浅薄的人才会关心时尚的，多半是直男[3]。没人觉得关心体育、汽车或电子游戏是肤浅的行为，但时尚仍被视为欠缺内涵的领域，这种观点的形成主要源于一种成见，即时尚被视为女性和同性恋男性的专属领地。幸运的是，这种偏见开始消退，越来越多的直男开始拥抱潮流，看看苏博瑞（Supreme）店外的长队就知道了。

另一种更有说服力的批评是，时尚是精英化且无知愚

---

1 又称自然主义，倡导通过不穿任何衣服进行社交，以实现与大自然和谐相处。——本书若无特别说明，脚注均为译者注

2 美国的"明星家族"，因真人秀《与卡戴珊一家同行》而广受欢迎。

3 指顺性别、异性恋男性。

蠢的行业，就像高中里最傲慢的小团体一样，将看不惯的人排斥在外。这种观点并非完全错误。整体而言，这个行业在完全接纳种族和身材多样性方面还有很长的路要走。秀场上展示的服装通常价格昂贵，看起来与日常生活无关。我们尝试模仿秀场穿搭时，会感到迷茫和焦虑——如果穿了不该穿的东西该怎么办？犯错了该怎么办？这条七分阔腿裤会不会看起来很傻？

我曾经也觉得这种观点很有道理，就在去"朝圣之旅"之前。那时我正在读高中，深度参与实验戏剧，是公开的马克思主义者，更是别人眼中难搞的小孩（由我做的事和我宣称的完全可以得出这一点结论）。但在我还没有创立"人民剧团"，以公开叫板学校的原有剧团时，我就已经开始去图书馆翻阅时尚杂志，通过时尚资讯网站关注时装周。我试图调和自己的政治立场和消费冲动，尽管我可能不赞成资本主义（迄今依然），并且主要在二手店买东西，但这并不意味着我对整个时尚行业不感兴趣。我只是感觉它非常遥远，因为我不认识任何从事设计或媒体工作的人，而且身边似乎也无人在意我感兴趣的那些设计师。

最终让我爱上时尚的是我在其中看到的创造力、包容性和进步观点。与我曾经的担忧不同，关注自身穿着、追踪 T 台大秀并不一定意味着变得肤浅和精英主义。我最喜欢的设计师，如川久保玲、米格尔·阿德罗韦尔、亚历山大·麦昆，并非来自特权阶层，他们之所以成名，是因为把目光放在打破人们对美和酷的既有期待上。往大了说，时尚仍具有引导变革、改变世界的力量。在时尚这个舞台上，我们可以不断试验自己想成为的样子。即便你是彻底的怀疑论者，也可以欣赏这种力量。

时尚的运作方式也在发生改变，许多旧符号正在消失。我们都知道，"千禧世代"偏爱体验而非物品，但物品无疑依旧重要。如今，在某些背景下（例如硅谷），精英主义的模样甚至可以是连帽衫加运动裤。这一代人持有与前辈截然不同的观念，我将在后文中探讨社会身份和奢侈品对于他们的意义。

我们中的那些声称拒绝在时尚上花费心力的人，终究还是免不了在意自己的着装和由此展现出的精神气质。风格为我们提供了从社会阶层到所属群体的各种线索。忽视它，我们将自担风险。在这本书中，我想要认真对待风格，将它视为每个人生活中的重要力量，并探讨它为什么对自我实现至关重要。

从社会变革到女性权利取得的进展（或退步），再到为了与所属社会圈层保持一致而选择某种风格的穿搭——一切都能从着装上找到线索。正如我将在后文中谈到的，风格揭示一个社会的执念，有些可能连我们自己都未曾察觉。当我们购买某样东西时，我们真正购买的是什么？时尚是如何与技术、晚期资本主义相互勾连的？女性主义、个人主义、赋权等价值观，又是如何被市场营销所利用的？

本书将探讨时尚如何渗透到我们的日常生活中，离开令人眼花缭乱的秀场，聚焦于我们穿在身上的衣物，讨论着装如何传达我们对自身的看法，以及他人对我们的看法，还将分析随处可见的时尚形象如何影响我们的身份认同。

为什么"法式女孩"是最不朽的时尚原型？对女性而言，"为悦己而容"到底意味着什么？女性政治家该怎么穿？时尚中的性别差异化会像恐龙一样灭绝吗？社交媒体中的自我呈现如何被时尚影响并扭曲？我们又是如何装扮自己以迎合社交媒体的趋势？

所有讨论都基于一个前提：时尚是一把钥匙，能解开关于权力、性、阶级的种种问题，并触及历史，向我们传递周围世界的变化信号。时尚会对你产生影响，哪怕你"只"穿 T 恤、牛仔裤。

1

底层逻辑：
这样穿，为哪般？

粉色思潮

2016 年夏天，我开始注意到一种色调向我涌来，出现在所有我看到的广告中。它并非从秀场之巅传下来的"当季主打色"，而是面向大众的颜色，出现在地铁广告、书籍封面，以及高端精品店的橱窗中。

它是粉色的变体，总能让我联想到少女时代——不是我的少女时代，而是一种整体概念。与亮眼的芭比粉（总是与"配件单独出售！"同时出现的颜色）不同，它是一种微妙的低饱和度粉色，褪去了与泡泡糖和校园恋爱小说相关的所有联想。我在美妆品牌 Glossier 的瓶身上看到过它，在女性共享办公空间 The Wing 的墙上看到过它。面向二三十岁女性的书籍，特别是那些适合在 Instagram 晒图的，其封面都采用了这种柔和的颜色。

它挑战了被大众普遍接受的时尚秩序，在这种秩序中，潮流通常从高端传向低端（如《穿普拉达的女王》中的"天蓝色演讲"所示），或者从低端向高端渗透（如近年高端时尚对运动套装和洞洞鞋的接纳）。相反，它凭空出现，随即席卷设计界的各个层级。从瑞典时尚品牌阿克尼工作室（Acne Studios）到地铁里的 Thinx 经期内裤广告，都使用了与它极为相近的颜色。

时年我就职于《纽约》杂志旗下女性网络媒体 The Cut，同事开始讨论这一现象，我也随之撰写了一篇文章，试图分析并阐释这种颜色与艾丽·伍兹[1]标志性的粉色之间的差异。"粉色的浓度略有变化，但范围相当狭窄，介于三文鱼慕斯和腌制三文鱼之间。这是一种不稳定的颜色，它拒绝在光谱上安定下来，又好看又难看，这种模糊性凸显了其深邃的内涵。"我只是试图剖析一种文化现象，却无意中创造了"千禧粉"（millennial pink）一词。这个词后来得到了广泛应用，并为不少人带来了可观的收益。

我将这一现象归因于一种时代情绪，它体现了一种"矛盾的少女感"。和我同龄的女性曾被告知，那些被认为与性别相关的行为特征，如气泡音和"嗯""呃""就像""真的"之类的口癖，会阻碍我们的事业发展。但现在，我们开始尝试摆脱这种观念。我们偏爱清透的裸妆，拒绝在脸上抹腻子并用各种颜色做装饰。我们能够成为领导者、企业管理者，而在获得这些职位后可能会选择使用"女

1　艾丽·伍兹（Elle Woods），美国电影《律政俏佳人》的主角，以张扬的粉色为标志性风格。在律师行业的严肃规则与压力下，她曾一度放弃粉色装扮。但经过一系列成长与自我探索，她逐渐明白，穿着粉色套装同样可以成为一名优秀的律师，并最终学会接纳真实的自己。

孩老板"[1]这种尴尬但不那么具有威胁性的词来描述自己。穿着卫衣和运动鞋的我们不仅能够领导他人,还可以引领潮流,同时我们的脚趾上一定涂着亮眼的粉色指甲油。

设计师蕾切尔·安东诺夫[2]特别注重为像奥布雷·普拉扎、珍妮·斯莱特和阿莉娅·肖卡特[3]这样具有女性主义意识的酷女孩设计服装,借此传达女性可以既帅气又柔美的理念。她还直接挪用少女时代的元素举办过以外宿和校园舞会为主题的时装秀。蕾切尔告诉我,她认为这波粉色浪潮是在"找回一种曾被视作太过女孩子气的东西"。在她更年轻的时候,"我被灌输的观念是有男孩样才酷,不要有女孩子气……不要太女性化。最近我老是想起流行文化和电影非常爱用的一个桥段,男人对女人说'你跟其他女孩不一样'。我真的忍不了。让我告诉你,我究竟跟谁一样,每个在我看来帅气、聪明、幽默、风趣的女孩!这种话怎么会是赞美,女人可不会用这种话来夸男人"。在她看来,通过这波粉色浪潮,"我们重新认领那些一度被认为会削弱自己的严肃感和可靠感的东西,并扬言'不,

----

1 girlboss,一个在美国流行文化和社交媒体中广泛传播的词语,由美国企业家索菲亚·阿莫鲁索提出。她在 2014 年出版了自传性质的书《女孩老板》。最初用于激励女性挑战社会对女性角色的固有期待,代表自信、独立且有事业心的女性形象。随着越来越多的人使用这个词,批评也开始出现,一些人认为过于强调个体女性的成功故事会在某种程度上让人忽略系统性的不平等。后来这个词逐渐含有讽刺意味,用来调侃那些用女性主义包装自身的人或现象。

2 蕾切尔·安东诺夫(Rachel Antonoff, 1981—),美国时装设计师,以其充满幽默感和叙事性的设计风格著称。

3 提及的三位均为美国演员和创作者。

喜欢粉色的我们做事也不马虎'"。

千禧粉有可取之处，也有值得商榷的部分，后者在媒体铺天盖地的报道中不见踪影。这种颜色被简化成消费主义意识形态："进来看看，里面有更多同色系单品！"

那篇文章发表数月后，这个词开始进入主流语境，其色域比原本的定义宽广了不少，囊括从淡粉到梅子粉之间的所有粉色。类似的情况也发生在"普通硬核"[1]一词上。我无意中创造的词在网络上疯传，粉色霸权地位由此确立。我的生活随即变成了以色彩为主题的"土拨鼠之日"[2]，每天收到的推送都在向我推荐最佳千禧粉艺术品、零食、民宿、腮红。聚会上，总有人向我解释千禧粉的（错误）定义。我去过一个粉色主题的普拉提工作室，它似乎专为拍照而生。墙上小神龛状的结构中嵌入了玫瑰色的灯管，微弱的灯光打在正专注练习平板支撑的顾客身上。我曾到访诺丽塔区[3]的一家全粉色餐厅，幸好那里的食物不是粉色，至少我的肠胃可以免遭粉色扫荡。就连迪士尼乐园——万万没想到让我破防的竟是这儿——也在兜售千禧

---

1 即 normcore，由 normal（普通）和 hardcore（硬核）组合而成的合成词，是对一种极简主义、去个性化的时尚趋势的描述。它强调一种看似毫无特色、普通、非时尚的穿着方式，反对炫耀性消费和过度设计，试图以"普通"作为一种全新的时尚表达。有时这个词也会被翻译成"性冷淡风"或"简单舒适中性"。

2 源自美国电影《土拨鼠之日》。这部电影讲述了一个气象播报员在报道土拨鼠日时，发现自己陷入时间循环，不断重复同一天的故事。

3 美国纽约市曼哈顿下城的街区，有大量意大利裔美国人聚居。

粉米奇耳朵。不管我走到哪里,都感觉仿佛掉进了一坨难以摆脱的粉色泡泡糖里,迫切需要一些清凉的蓝或绿色。

这种高喊着"买我!"的颜色像是代表整个世代的速记符号。和任何潮流一样,它也有许多跟风者,有人试图推行千禧青绿、千禧紫,甚至"Z世代"黄。但据我所知,他们都没有成功。经过数轮色卡的洗礼,粉色仍屹立不倒,把我们困在甜得发腻的停滞状态中。我们就像在等待中转的旅客,僵在原地。

这里的"我们"是谁?实际上,历史上曾有多次色彩潮流席卷同时代人。例如,彩妆品牌可爱派(Hard Candy)"天空"系列指甲油的婴儿蓝曾盛行于20世纪90年代中期;有氧运动服的霓虹色也总能让人忆起80年代[1]。但极少有视觉现象能如此普遍地影响所有人。正如细条纹之于雅皮士[2]、鳄鱼牌之于美式学院风[3],这种颜色代表一代人和性别群体的世界观,成为色彩界的莉

1　1982年美国演员简·方达(Jane Fonda)推出了她的第一部有氧运动录像带,其销量超过一百万,甚至带动了录像机的销量。这被认为是婴儿潮一代步入中年时掀起的健身热潮。简·方达运动时常穿亮色的紧身衣。鲜艳的服装成为80年代有氧运动潮的象征。

2　雅皮士(Yuppie),20世纪80年代起在美国兴起的年轻都市专业人士群体,他们通常受过高等教育,拥有高收入,并注重时尚与高品质生活。细条纹西装是雅皮士风格的标志性元素之一。

3　鳄鱼牌(Lacoste)是法国著名的高档服装品牌,以其标志性的鳄鱼标志和优质的网球衫闻名。美式学院风(preppy style),又译预科生风,起源于20世纪早期的美国大学预科生,代表元素包括Polo衫、卡其裤、条纹衬衫和帆船鞋等。鳄鱼牌的Polo衫因经典设计和高品质,成为该风格的重要代表元素。

娜·邓纳姆[1]。

粉色并非一开始就代表女孩。直到 20 世纪 40 年代，父母才开始用颜色区分男孩和女孩的衣服。八九十年代，即"千禧世代"童年期，面向女孩的圣诞玩具上才开始出现各类粉色。[2] 等到我成年时，粉色不仅意味着性别为女，还代表年轻、空洞、无知，看到它就会马上想到电影《独领风骚》[3]的主角。粉色不是你会穿去工作场所的颜色。看看都是谁在这么穿吧——艾丽·伍兹、《贱女孩》[4]中的塑料姐妹花。当粉色悄然回到我们的视野中，它仿佛携带着一种被压抑已久的气质，穿透社会规训筑成的高墙，对将粉色等幼稚之物排除在外的成人社会发起反抗。

这种似曾相识之感使其更具吸引力。想想千禧粉文化的标志性单品——贴纸、露脐上衣、奢侈品牌出的果冻凉鞋、各种格子图案的物品。这些都是我们童年时期最喜欢的东西，现在它们经过重新包装，变得更符合我们成年后的审美。

1　莉娜·邓纳姆（Lena Dunham, 1986—　），美国演员、导演，代表作为《都市女孩》。该剧的热播使她成为美国"千禧世代"最具代表性的意见领袖。她也因政治观点和个人风格而备受争议。

2　当时流行的玩具和游戏，例如《美丽公主过家家》《梦幻电话》《购物狂欢》等，大量使用粉色。潘通色 #219C，也就是所谓的"芭比粉"，与芭比的紧密联系也始于这一时期，后被芭比公司注册为品牌专属色。——作者注

3　Clueless，美国青春喜剧电影，故事发生在美国洛杉矶的一所贵族学校，主角是校园时尚偶像，她试图改造一个在学校里不受欢迎的同学。电影上映后获得了极大的好评，主角的一些台词和行为成为流行文化的一部分。

4　Mean Girls，美国青春喜剧电影，讲述了名叫凯迪的女孩逐渐融入学校社交圈，并被卷入名为"塑料姐妹花"（The Plastics）的女孩团体中。

结合过去几年的发展情况，重温那篇文章，我意识到整个现象比自己当初设想的更诡谲。第一次写千禧粉时，我认为它代表了女性在拥抱自身性别特征并拒绝为之道歉的路上迈出了半步。我们母亲那一代年轻时，将自己套进垫肩西装里，试图永远呈现职业的那一面。与她们的做法相比，我们的行为代表了一种进步，是对"向前一步"派女性主义[1]的一种反驳。但现在，我不那么确定了。

　　这种颜色开始代表一种更温和、非对抗性的女性主义。其支持者一边宣称自己的包容性，一边忙于加入排他性的精英俱乐部，并购买昂贵的可以表明身份的物品，比如一件印着"激进女性主义者"字样、售价650美元的卫衣。这些东西与我们幼年时爱买的玩偶、芭蕾裙和茶杯有多大区别呢？如果我们真的如此热爱粉色，又为何要刻意避开它甜美的一面？

　　我认为与童年的联系在这里至关重要。对于许多二三十岁的女性来说，成年生活与穿着粉红色套装、成为首席执行官的芭比[2]所承诺的完全不同。我们背着学生贷款从大学毕业，做着低薪的工作，还需做兼职才能维持生计，前途渺茫。（这还算幸运的！）再加上，女性在职场

1　Lean In，是由前脸书首席运营官谢里尔·桑德伯格在同名书中提出的一种女性主义理念。她呼吁女性打破性别刻板印象，通过个人努力在职场中取得成功和领导地位。然而，这一观点因忽视结构性障碍、基于中产阶级视角、将职业成功的责任过多地放在女性自身而受到批评。

2　这类芭比首次推出于1985年。

中面临的挑战比比皆是，从性骚扰、性别薪酬差距等结构性压迫，到被男性窃取创意之类的日常恶心事。与此同时，我们还被告知，女性可以做成任何事。如果未能实现，就会被指责为个人的失败：软弱、上不了台面、不懂得营销自己，仿佛只要拥有更多的社交媒体粉丝或精心打磨的人设，问题就迎刃而解了。我们是过渡时期的人，是装载赋权理念的容器，被投放到尚未跟上性别平等思想发展进程的环境中。

结合这些情况，谁不怀念童年的幸福时光，谁不想本能地靠近任何能使我们重温旧梦的事物？千禧粉的流行可以被解读为对完全女性气质的不完全接纳。身为女孩，我们不该感到羞耻。同样地，身为女人，我们也不该感到羞耻。

时尚和消费能带来正当的快乐，我对那些挎着千禧粉水桶包的人并无成见。拥有他人都有的东西是一件有趣的事，即使是聪明人也会悄悄享受被营销的感觉。我好奇的是，这波浪潮在时尚史上会被怎样书写。20 世纪 80 年代女性穿着大垫肩西装，踩着运动鞋，这种"我可以既强势又舒适"的穿法后来被认为用力过猛。如今流行的柔和色调与甜美压褶的摄政风格迷你裙，未来是否也会被视为"刻意展现女性气质"？

年轻的你可能不会意识到这一时刻的意义。而年长的你可能还记得时尚经历的那场危机。女性开始减少购买服饰的频次，更倾向于将预算用于实际需求，如购房和买车。在这一空白期，出现了克里斯蒂安·拉克鲁瓦[1]这样的设计师，他们带来了曲线轮廓夸张且束缚感强的礼服，其最高价格也就五位数出头。苏珊·法吕迪在《反挫：谁与女人为敌》[2]一书中提到拉克鲁瓦的作品，称其风格为"高度女性化"。拉克鲁瓦自陈，其设计服务于那些想要"穿得像小女孩一样"的女人。而法吕迪作为第三波女性主义者[3]，更倾向于用"惩罚性修身服装"来形容这类作品。

与今日一样，这一时尚潮流伴随着女性自由的政治性倒退，旨在以正当的方式让女性退回羸弱的童年状态。不同的是，幼稚化在当时并不奏效。社交名流身穿拉克鲁瓦的设计，仿佛凡尔赛宫的玛丽·安托瓦内特[4]，享受贵族的悠闲生活。但大多数女性并不想打扮得像牧羊女宝宝[5]，拉克鲁瓦式的甜美服饰在大众市场上表现并不好，长时间躺在百货公司的货架上。

1　克里斯蒂安·拉克鲁瓦（Christian Lacroix，1951—　），法国时装设计师，善于运用丰富的色彩和材料，其设计以戏剧性著称。

2　*Backlash: The Undeclared War Against American Women*，是美国作家法吕迪最著名的作品之一，聚焦 20 世纪 80 年代女性主义"走一步退两步"的状况。

3　第三波女性主义于 20 世纪 80 年代末兴起，不仅批判男权与父权，而且批判过度聚焦于中产白人女性的第二波女性主义。其特点在于关注性别压迫和与之相关的含蓄政治表征。

4　玛丽·安托瓦内特（Marie Antoinette，1755—1793），法国国王路易十六的妻子。1793 年 10 月，玛丽被革命法庭判为叛国罪并处以死刑。

5　Little Bo Peep，一个源自英国传统歌谣的虚构角色。她是一个照看羊群的小女孩，手持牧羊杖，穿着夸张的蓬蓬裙，象征着纯真和幼稚。

如今，我们进入了这一时期的隐性延续阶段，可以称之为"高度女性化 2.0"时代。但这次，女性开始买账了：荷叶边、连体裤、各种仿佛从罗兰爱思[1]目录里走出来的带有褶边的服饰。如果说现在哪位设计师与拉克鲁瓦相对应，那当是巴特谢娃·哈伊[2]。她设计的劳拉·英格斯·怀德[3]风格连衣裙，仿佛是为穿越威廉斯堡的平原和涉过戈瓦努斯运河[4]而设计。这种风格同样源于人们对更单纯年代的怀想。她的设计带有对拓荒时代的怀旧情绪。在一些评论家眼里，它们是对自给自足的农场生活或避世隐居生活的一种现代诠释。

这些造型带有一种朦胧而诱人的熟悉感，让人想起80 年代末 90 年代初的杰西卡·马克兰托克[5]牌蕾丝蛋糕裙和"美国女孩"娃娃[6]的热潮——这正是"千禧世代"的童年期。艾里珊·钟[7]曾在社交媒体上称她那件高领褶边

1　Laura Ashley，英国女装及家居品牌，特点是细密的褶皱和英式田园小碎花。

2　巴特谢娃·哈伊（Batsheva Hay, 1980—　），美国时装设计师，其设计带有强烈的复古和乡村风格，常常借鉴 19 世纪和 20 世纪初的服饰风格，如蓬松裙摆和褶边装饰。

3　劳拉·英格斯·怀德（Laura Ingalls Wilder, 1867—1957），美国作家，以其自传体小说系列《小木屋》而闻名。该系列基于她美国中西部的童年和青年经历，呈现了美国拓荒时期的家庭生活。

4　美国纽约市布鲁克林区的两个地理和文化上具有重要意义的区域。

5　Jessica McClintock，由美国设计师杰西卡·马克兰托克创立的同名时尚品牌，以其浪漫、复古风格的礼服和婚纱闻名，20 世纪 70 年代至 90 年代尤为流行。

6　一系列历史教育娃娃，于 1986 年首次推出，每个娃娃代表不同历史时期的角色，并配有详细的背景故事、符合历史时期的服装和配件。

7　艾里珊·钟（Alexa Chung, 1983—　），英国模特、主持人、初代 Instagram 时尚博主。

衣服为"一次复古的周五，只要你愿意的话，一起回到19世纪"。莫莉·费希尔在《纽约》杂志上写道，田园风连衣裙"呈现出常规的少女感，却刻意剔除了其中的可爱、优雅和美丽，将性别规范包裹在最家常的外壳中"。

随着田园风的重新流行，着装与现实之间带讽刺意味的距离已经缩小。堕胎权被剥夺，性别薪酬差距未见明显改善。在一个更进步的时代，回归那些带有压抑意味的旧符号或许还算是一种有趣的尝试；但在当下，人们越来越分不清哪些是潮人，哪些是侍女了。

我们正处在这样一个时代，传统女性气质被重新包装为"酷"、"松弛"，甚至"觉醒"。美妆品牌 Glossier，采用全粉色的包装配色，在身体乳营销中高喊"身体英雄"的口号，呼吁消费者接纳身体多样性。而 The Wing，尽管曾获得共享办公巨头 WeWork 的大额 B 轮融资，一度被盛赞为"激进女性俱乐部文化的复兴"，但现已跌落神坛。一个年费超过两千美元的机构，其所谓的激进性究竟体现在何处？粉红经济[1]最迷惑的现象之一是，企业将已经存在的事物重新包装，以"新颖"之名推销给我们，并将其描绘成自我实现与赋权的必需品。无论是精英女性社

---

[1] 主要面向女性和性少数群体，涵盖美妆、时尚、文化等领域。它通过重新包装传统的女性气质、性别象征和文化元素，吸引消费者并推动消费。然而，这种经济模式有时也被批评为利用性别或性取向进行商业化操作，而非真正推动社会平等或赋权。

群、素雅碎花服饰、化妆品，还是粉色本身，都不是什么新鲜事物。这不过是一种对传统观念的重新诠释，一种将传统观念品牌化运作的方式。

虚伪的道德表态和实际进展的缺乏已经成为粉红经济的特征之一。镀金时代[1]的铁路大亨可绝不会说，"建跨国铁路是为了建立联系，让志同道合的人有机会聚在一起"。而如今，那些继承了财富与权力的人毫不脸红地发表各种"进步"声明，科技行业尤甚。有些品牌看似与你理念一致，但说到底，只是想让你掏钱买单。自诩"女性友好"的公司，其高层却频频被曝出拒绝员工休产假的丑闻。

作家安·弗里德曼曾指出这种操作的狡猾之处，并创造了"千禧粉清洗"（millennial pinkwashing）这一短语。她将其定义为"将一个既有的女性主义概念披上浅粉色的创业外衣，然后推销给投资者，最好是那些做女性健身、美容产品或企业发展策略的金主爸爸"。早在2013年她和阿纳图·索乌就提出了"光照理论"[2]一词，"主张女性应彼此合作而非互相竞争"。安表示，对于许多公司未经授权使用这个名词，她们感到非常沮丧。

1　19世纪70年代至20世纪初的美国历史时期，这一名称源自马克·吐温与查尔斯·达德利·华纳合著的小说《镀金时代》。

2　shine theory，主张通过支持和提升他人，特别是女性群体，实现集体进步。这一理念在职场文化中广受认可并得到广泛应用。安·弗里德曼（Ann Friedman）和阿米纳图·索乌（Aminatou Sow），皆为美国作家、播客主持人和文化评论家，她们共同创建广受欢迎的播客节目《呼叫女朋友》（*Call Your Girlfriend*）。

我打电话给安，希望进一步了解她的想法。"最近我开始注意到，千禧粉已经成为那些喜欢投放女性赋权广告[1]的公司或组织的首选色。"她说，并指出"女性赋权广告"这个词来自作家安迪·蔡斯勒。"我肯定不是第一个说'看看资本主义是如何利用女性主义来卖东西'的人。一些公司、会议和平台与千禧粉紧密相关，它们面向具有创意和创业精神的'千禧世代'女性，承诺提供有关如何在职业生涯中取得成功的讲座与培训……它们整合各种品牌概念，不过是为了以'更好'的面貌出现在赚钱能力不断提升的年轻女性面前。这一切都被包装成'我们做这些是为了女性主义'的口号。千禧粉几乎成了'得到你应得'的这类女性鸡汤的标志性背景色。"

安随即澄清，一名女性主义者想学习如何在事业上取得进步，这当然没有任何问题。"对这类平台感兴趣的女性，很容易被我们熟悉的网络营销套路所吸引。千禧粉就是其中的典型代表。"她还指出，"粉红丝带"意在唤起大众对乳腺癌的关注，有些使用它进行宣传的企业却在生产含有致癌物质的产品。这种做法背后的逻辑似乎是"嘿，只要我们把'粉红丝带'加上，这就是对女性有益的——不要再问任何问题了"。很多公司对千禧粉的使用也基于

---

1 empowertising，由赋权（empowerment）与广告（advertising）结合而成，用以描述一种将女性主义理念包装进广告，以促进消费的营销策略。它在表面上倡导女性权利与独立，实则将女性主义商业化。

类似的逻辑。

除了商业价值，千禧粉在政治语境中也开始承载新的含义。它出现在一个吊诡的时间点。当乐观的奥巴马时代接近尾声，它开始大规模流行起来；而在特朗普当选后，随着"绝不特朗普"抵抗运动的形成，它逐渐与一种压抑的反抗情绪交织在一起，有时甚至为其代言。2016 年 11 月，美国大选结束后不久，我和朋友在洛杉矶参观了一家由女性创立的精品店[1]。我永远不会忘记当时的情景。我们翻看着那些印有"未来属于女性"字样的卫衣，它们曾让人热血沸腾，但那一刻我只觉得这句话空洞而浅薄。店内摆满了各种样式的胸针、T 恤，以及那些贵得离谱的粉色单品。它们仿佛在传递刚觉醒的信号。47% 的白人女性投给了特朗普，而这些商品似乎是一种证明方式，只要你花钱购买，就能表明你不是她们中的一员。我不禁自问，这真的是一种抗议的表现吗？

要进一步证明"高度女性化 2.0"已正式进入政治领域，只需看看抵抗运动中最亮眼的时尚瞬间。抵抗运动向来包含时尚元素，但与过去的抗议浪潮不同，这次抗议者的标志性造型不是防暴装备或巴拉克拉法帽[2]，甚至不是口号 T 恤，而是"女性大游行"中的可爱猫耳针织帽——

---

[1] Otherwild，该店并没有将自己定位为女性主义商店。——作者注

[2] balaclava，一种头部和面部的防护装备，通常由弹性材料制成，覆盖整个头部、脸部和脖子，只露出眼睛、鼻子和嘴巴。

呆萌、吸睛、可销售，而且又是粉色的。[1]

头顶针织帽游行的人群没有像"黑人的命也是命"运动抗议者那样被描述为愤怒或激进的，也没有像"占领华尔街"运动参与者那样被调侃为疯癫的左翼人士或街溜子。这在一定程度上是因为参与者主要是此类经验较少的中产阶级白人。[2] 此外，作为一种手工艺制品，猫耳帽挑战了2016年一款具有强烈政治意味的帽饰——"让美国再次伟大"棒球帽[3]。在某种程度上，这是"粉色清洗"的终极胜利。游行原本旨在谴责特朗普将性侵女性作为谈资的行为，但最终猫耳帽这一象征性的物品成了焦点。这种策略的其他例子包括，为了庆祝国际妇女节，企业将背景墙刷成鲑鱼粉色；资产管理巨头出资设立"无畏女孩"雕塑，"她"勇敢地面对华尔街的铜牛像。这些举措将对政府的强烈抗议固化为一种温顺、粉嫩且可购买的形象。

在"高度女性化 1.0"和"2.0"之间发生了什么变化？首先，我们的消费从未像今天这么具象过。过去，我们通过穿搭和妆容来表达自我，而社交媒体拓宽了自我表达的

1　在特朗普当选后，许多抗议者和活动家将粉色作为一种标志，表达他们对政策的不满。最著名的例子之一是 2017 年 1 月的"女性大游行"（Women's March），其标志性物品包括粉色的猫耳帽。

2　一张流传甚广的照片中，伊朗裔演员阿米尔·塔莱手持标语，上面写着："善良的白人女士，我们下次'黑人的命也是命'见，好吗？"——作者注

3　由特朗普在 2016 年美国总统竞选期间推广，迅速成为保守主义政治立场的视觉标志。红色帽身、白色大写字体的简洁设计，使其极具辨识度，也因其强烈的政治含义而引发大量争议。

边界。曾经只有密友或伴侣才知道的事情——比如你穿什么品牌的内衣，用什么品牌的沐浴露、晚霜，有什么样的健身计划，家里摆着什么植物——如今都成了公开的信息，甚至带有某种政治意味。它们是构成你个人形象的基本粒子。但愿你不要睡在一张不"觉醒"的床垫上，或者使用一把有悖进步观点的电动牙刷。

尽管我们现在更自由了，但仍被要求在更多方面达到标准。为了避免在数字化生存中落后，我们不得不花钱购买并展示自我关爱、社会责任和赋权。政治、意识形态与个人物品的选择之间的联系从未如此紧密。

如果你是生活在美国东西海岸的自由派"千禧世代"，那么你参加抗议活动时所戴的口罩、日常使用的面膜都应体现出与你个人价值观相符的理念。这些物品是你个人形象的一部分，代表你有强烈的社会责任感，懂得关爱自己，但不会过度自我沉溺。在你看来，个人成长的每一步，都应有图为证——"没拍照，就等于没发生"。

如今，地位的象征不再像镀金时代那样显眼或奢华。随着自我重塑与自我衡量成为社交货币的一部分，我们就被期待拥有精心布置的书架、随时可出镜的药柜，以及用于自我提升的时间。数字世界中的特权阶层已经形成，对于这一阶层的人来说，社交媒体是一场自愿参与的监控实验。在这场实验中，外貌和道德品质常常被错误地等同起来。

从未有过这么多表达自我的方式，但也从未有过如此多的方式让人感到不够好。追逐那个永远道德无瑕疵、光彩照人的平行自我，这种行为本身就足以令人疲惫。并且，当我们不断努力做出"正确"的消费选择时，我们很可能忽略了那些真正能够带来社会变化的实际行动。

还记得维珍妮牌女士香烟[1]的"你行的，女孩！"系列广告吗？它们给人的感觉与现在的广告相去甚远，不只是因为它们所宣传的是众所周知的致癌物。这类广告有固定的模板：发黄的画面中，穿着束腰裙的女性因抽烟而受到惩罚；紧接着，取而代之的是当代自由女性的彩色影像。其中的一句台词"有了投票权，现在又有了专属香烟"，将选举权和购买某种商品的"权利"混为一谈。实际上，除了时髦的纤细形状，这些香烟和普通香烟并无区别。至于那句广为流传的广告语——"宝贝，你已经走了很长的路了"，带有一种粗暴的赞美和居高临下的傲慢。

这种万金油策略在今天能被轻易识破，已经不好使了。但它为"粉色清洗"现象奠定了基础。"女性赋权广告"真的有所不同吗？在国际妇女节期间，许多标榜女性主义的内衣品牌向"妳"致敬。强调赋权的女用剃刀品牌宣称，即使牺牲利润，也要支持你选择保留体毛的自由。这就是我们所处的世界。看来，我们其实并没有走多远。

---

1 Virginia Slims，美国香烟品牌，于 1968 年首次推出，实施以年轻女性为中心的营销策略。

"黑人的命也是命"运动也借鉴了这种策略。社交媒体出现了以柔粉色为背景的图片，上面是"撤资警察"[1]的详细介绍。原本晦涩的概念经过精心设计后变得易于接受。眯起眼睛仔细看，我们才能确定屏幕上不是除臭剂的使用说明。这些图表有的清晰简洁，有的与事实仅有远亲般的关联，但无论内容怎样，似乎只有在粉色背景和衬线字的包装下，目标读者才愿意吸收。信息已不再是媒介的主体，而是被媒介本身所吞噬。

这种新自由主义美学浸淫于空虚的消费中心主义，早已令人深感厌烦。而后来，粉色调开始频繁出现在一些明显不进步的所谓"进步"场合中。当千禧粉被用于传播"匿名者q"[2]这类阴谋论时，我不禁开始怀疑我们是否真的生活在一个模拟世界里。在这一现象中，那些推崇玉蛋疗法[3]的苗条网红扮演了推手角色。她们发布的帖文与典型的男性化战斗美学截然不同，没有战斗鹰、飘扬的旗帜，而是采用了维生素软糖般甜美柔和的视觉风格。内容多为健康建议、育儿指南，时常夹带与"匿名者q"相关的虚假信息与阴谋论。

1　Defund the Police，美国部分社会运动倡导的政策目标之一，旨在减少警察部门的财政预算，并将这些资金用于其他社会服务领域。这一倡议在"黑人的命也是命"运动中成为讨论公共安全和警察改革的重要议题。

2　QAnon，一种极右翼阴谋论，声称有一个由全球精英组成的秘密组织，参与人口贩卖和其他邪恶活动，并试图操控世界事务。

3　一种雕琢成鸡蛋形状的粉色玉石，据称将其放置于阴道中可以起到增强盆底肌、改善产后漏尿的作用，但效用并未在临床上得到证实，反而有引起感染的风险。

完全对立的意识形态竟在视觉上彼此融合，让我不禁想到"平庸之恶"这一概念。当然，问题不在于这种美学本身有多邪恶；只是它和所有美学风格一样，从最初的新鲜独特变得平淡无奇，而这种"平淡无奇"恰恰掩盖了其中潜藏的恐怖内容。我们已进入一个阶段：所有事物都成了一个模样，无论其背后的内涵究竟为何。

千禧粉不属于我，也不受我支配，我只是一个记录者。然而，目睹它从流行文化到自由主义，再进一步沦为极端民粹主义的工具，我总会产生奇怪的负罪感。这种感觉就像看着一个记忆中已经模糊的老同学，在复杂的意识形态迷宫中迷失方向，最终走向了最糟糕的道路。在那些闯入美国国会的人群[1]中，我看到了很多女性的身影，她们中有多少人是被社交媒体上的"粉色"内容所蛊惑才参与其中的。

1　指的是美国国会骚乱事件，数百名支持特朗普的示威者闯入美国国会大厦，试图推翻 2020 年总统选举的结果。

青春无畏

当我开始上高中时，我第一次见识到了美式学院风在纽约郊区的变体——北面羽绒服搭配拉夫·劳伦 Polo 衫或爱芙趣 T 恤。在大学里，我又遇到了美式学院风的新英格兰前辈——楠塔基特砖红色休闲裤[1]，搭配鲸鱼装饰品和大量的缎带。那时，我并不认为学院风算是一种风格，它更像一种需要被挑战的默认搭配。阻碍我打造完美"反学院"造型的是，我不知道自己到底是谁，只知道自己既不是"华斯普"[2]，也不是有钱人。我只好在各种时尚流派间徘徊：一会儿是给牛仔裤破洞贴上胶带的无政府主义风格，一会儿是穿着钩针编织衫的新嬉皮士，过会儿又是

---

1 楠塔基特砖红色源于法国布列塔尼渔民的帆布颜色。楠塔基特是美国马萨诸塞州南部的一个岛屿。该地一家家族服装店用类似的红色帆布制成裤子，使其成为美国东海岸精英阶层的时尚象征。

2 WASP，白人盎格鲁－撒克逊新教徒（White Anglo-Saxon Protestant）的简称，泛指信奉基督新教的美国白人，通常来自上层阶级，是最能影响美国主流文化和价值观的群体。

把菱形图案毛袜裁成手套戴的"杀马特"[1]。我在服装批发市场的地上淘衣服，将它们裁剪、染色，改造成适应不同风格和人设的服装。比起那些衣着考究的同学，我花的真金白银不多，但算上人工成本，我的付出只多不少。在反时尚事业上，我比那些追求时尚的同龄人更加努力。

我知道我不是唯一有这种感觉的人。青春期本就是探索不同身份的阶段，而服装是表达身份最简单的方式。除非你是天后麦当娜，否则大多数人在成年后往往失去了反复重塑自我的自由。对于很多人来说，高中是第一个时尚战场，也是社会阶层影响着装的最初体现。每部优秀的美国高中校园电影都有一个场景：学生餐厅作为学校生态系统的缩影，小团体和对立关系通过不同的时尚风格得以直观呈现。《贱女孩》通过描绘高度标签化的群体形象制造笑点，如亚洲酷小孩、满脑精虫的乐队怪咖。你或许在网上刷到过"你会选择坐哪个座位"的图[2]。2019年推特上流行着这个图的校园餐厅版本，图中按不同特点标注了各个座位，参与讨论的大多数人早已脱离学生身份。

进入职场后，群体身份的区分并未消失，而时尚持续

---

1 原文为"Emo kid"，指的是一种青少年亚文化中的成员，他们通常沉迷于情感摇滚（Emo music）。Emo 文化的特点包括对情感的强烈表达和内省，通常伴随着特定的时尚风格，如深色或黑色的衣物、紧身牛仔裤、图案 T 恤、格子衬衫、浓重的眼线和蓬松的刘海。Emo 的造型与杀马特非常相似，虽然文化内核和产生的社会背景完全不同。

2 在中文社交媒体上流行的版本是，一张图片展示几位明星或作家坐在一间教室里，问参与者会选择坐在哪个位置。

作为小团体自我定位与身份建构的工具之一存在着。风格始终是区分自我与他人，并与志同道合的人结盟的简便途径。青年时尚亚文化，从嬉皮到朋克再到颓废风，以及它们衍生出的无数小类别，一直都是表达自我、打破性别与阶级界限、彰显代际特征的手段。

专门面向青少年的服装是一个相对较新的概念。在漫长的人类历史中，人先是孩子，然后就成了大人，直接穿上制服。"二战"后，随着瑞奇·尼尔森和安妮特·富尼切洛[1]等青年偶像的出现，不同风格的青年时尚和娱乐开始形成。在这一时期，"青年"这一群体才开始被识别为需要专属服饰的独立类别。主流青年文化逐步确立，与之相对的青年亚文化也随之兴起。可以说，青年时尚的历史其实是一种主流文化与多种对立亚文化之间相互追逐与抗衡的历史。

我们先看前者。青年风格最初以 T 恤、牛仔裤和校队夹克为核心，但很快转向更多象征地位与成功的单品。拉夫·劳伦和鳄鱼等学院风品牌在 20 世纪 80 年代占据主导地位。真正的预科生则有彰显自我的独特方式，一种"高级"的做法是将鳄鱼 Polo 衫上的标志撕掉，只留下模糊的轮廓。这种做法似乎是"我不在乎"的终极表达，

1　瑞奇·尼尔森（Ricky Nelson，1940—1985）和安妮特·富尼切洛（Annette Funicello，1942—2013）是 20 世纪五六十年代美国著名的青少年偶像。富尼切洛出演过多部迪士尼影片，是首批米老鼠俱乐部成员之一。

但其实他们仍然在乎，因为所有人都看得出那里原本有什么。

爱芙趣这家户外服装品牌创立于 19 世纪 90 年代，在首席执行官迈克·杰弗里斯的带领下于 20 世纪 90 年代成为学院风的标志性品牌，并于 21 世纪初达到顶峰，几乎成为那个时代青年时尚的代名词。新版本的爱芙趣与最初的品牌定位大相径庭，原本为骑马和狩猎设计的服装，变成了年轻人逛商场的"制服"。该品牌还出版了名为《A+F季刊》的杂志，曾请布鲁斯·韦伯[1] 为其拍摄具有同性恋色彩的时尚大片，并经常邀请文艺界重量级人物撰稿，例如哲学家斯拉沃热·齐泽克[2] 曾为某期撰写了展示文案。

爱芙趣从不掩饰自己像高中小团体一样建立在排他性之上。杰弗里斯在一次采访中坦陈："每所学校都有受欢迎的酷小孩，也有不那么酷的孩子。坦率地说，我们瞄准的就是全美性格开朗、交友广泛的酷小孩。很多人并不适合我们的风格。我们排外吗？那是肯定的。"他还补充说，爱芙趣只聘用"好看"的人，"好看的人会吸引其他好看的人，我们想把东西卖给好看且酷的人，不想服务其他人群"。该品牌的"着装规范"对员工的发型、妆容和

1　布鲁斯·韦伯（Bruce Weber，1946—　），美国摄影师、导演，以其拍摄的黑白写真和广告作品闻名。2017 年后，多名模特公开指控他在拍摄过程中有不当行为。事件引起广泛关注，一些时尚品牌与他终止合作。

2　斯拉沃热·齐泽克（Slavoj Žižek，1949—　），斯洛文尼亚著名哲学家、文化理论家和社会评论家。他的作品涉及广泛的议题，常常挑战传统观念，结合拉康的精神分析理论和马克思主义进行批判性分析。

指甲做了明确规定，而它当时所推崇的"全美风格"并未涵盖非白人群体。2003 年的一起诉讼案件中，当事人指控该品牌将有色人种员工从门店调职至仓库；另一起案件中，一名年轻穆斯林女性因佩戴头巾而被拒绝聘用。

爱芙趣还因 T 恤上的标语引发争议。2002 年该品牌推出了一款印有"黄氏兄弟来洗衣"[1] 的 T 恤，引发了美国亚裔群体的强烈抗议，最终不得不将其召回。令人难以置信的是，该品牌发言人回应称："从我们个人的角度，我们觉得亚裔会喜欢这件 T 恤。我们从不针对任何一个特定群体开玩笑，而是平等地调侃每一个人，包括女性、空乘人员、行李搬运工、足球教练、爱尔兰裔美国人、滑雪运动员……实际上，没有哪个群体是我们没调侃过的。"呵呵，滑雪运动员显然不是他们想要排除在外的群体。

如今，仍有品牌延续这种排他性策略，只提供单一尺码的女装品牌 BM[2] 便是其中翘楚。该品牌虽源自意大利，但散发着浓郁的美国南加州气息，由青少年组成的"产品研发团队"进一步巩固了这一风格。BM 坚持"一个尺码适合大多数人"的策略，只销售"均码"或"小码"，并且其模特主要是白人，缺乏种族多样性。如果你不属于他

1　"Two Wong Can Make it White"，最初来自俚语"Two wrongs don't make a right"，而亚裔姓氏 Wong 与 wrong 发音相似，再加上很多亚裔靠开洗衣店维持生计，所以演变出这句带着歧视与侮辱的双关语。

2　Brandy Melville，在年轻人中颇具影响力的快时尚品牌，非常擅长运用社交媒体进行营销。

们眼中的"大多数人"，那么你就没有资格买他们的衣服。此外，与爱芙趣类似，该品牌也曾面临不正当招聘行为的指控。职场平台Glassdoor[1]上的一则帖子写道："你的工资完全由外貌决定。"

该品牌似乎对安·兰德[2]有一种特殊的迷恋。你可能会想《阿特拉斯耸耸肩》的作者和紧身抹胸上衣能有什么关系？BM曾推出一个以《阿特拉斯耸耸肩》主人公约翰·高尔特命名的副线品牌。The Cut的一篇报道写道："早期的门店还会售卖出版物，《阿特拉斯耸耸肩》就在其中。宣扬选择自由的哲学在只提供单一尺码的紫罗兰色骑行短裤和格子迷你裙之间悄无声息地存在着，显得格外讽刺。"2014年该品牌推出了一款短T恤，上面用励志海报常见的字体印着"问题不是谁会允许我，而是谁会阻止我。——安·兰德"。然而，这句鼓舞人心的口号实际上是从兰德的不同作品中摘录并混合而成的，部分引自她的另一部重要作品《源泉》。考虑到她主张理性而道德的利己主义，将个人幸福视为最高的道德目标，BM对她的迷恋在某种奇怪的意义上确实讲得通。在这种青少年文化中，你若不是被偏爱的"大多数"，可能就得自求多福了。

随着单一风格成为主流，多种亚风格渐次出现，与之

1　企业评价网站，无论是在职员工还是前员工，都可以在该网站匿名评价他们的雇主。

2　安·兰德（Ayn Rand, 1905—1982），美籍俄裔作家、哲学家，代表作有《源泉》《阿特拉斯耸耸肩》。

对抗。亚风格内在的矛盾在于，人们通过穿着与主流风格截然不同的衣服来反对主流文化，但在其内部，人们穿得一样，借此建立归属感和亲缘感、一种"共同对抗世界"的情感纽带。亚风格并非个人追求，而是更广大文化的缩影。它以对抗主流文化为定义，同时在某种程度上由主流文化所定义。这就是为什么有时这种反叛看起来似乎是主流文化的一部分。在1953年的电影《飞车党》中，马龙·白兰度饰演的硬汉车手就被人问道："你在反抗啥？"他回应道："说说你有啥吧？"

旨在反对"传统"世界的亚文化形成了自给自足的小生态系统，拥有自己的音乐、俚语、毒品，以及必要的时尚。尽管亚文化群体本质上具有反叛性，但其成员展现出与一种与主流文化相似的从众性。更重要的是，加入某个群体后，你就能卸下重担，不必再费力弄清自己究竟是谁。

20世纪50年代，战后的厌倦情绪催生了"垮掉的一代"。"'垮掉'暗示着被利用、被当成原料的感受"，约翰·克莱伦·霍姆斯[1]在1952年《纽约时报》的一篇文章中写道，这成为对这一亚文化的最初阐释。"垮掉的一代"从知识分子的角度对时尚发布了反对声明——准确地来说

1　约翰·克莱伦·霍姆斯（John Clellon Holmes，1926—1988），美国作家，与垮掉派核心人物杰克·凯鲁亚克、艾伦·金斯堡等人为好友。他在1952年以这些朋友为角色蓝本创作了小说《走》。

是"超越时尚"声明。他们穿着单调的衣服，拒绝流行的明快色彩和收腰设计。[1] 他们留着略微凌乱不经修饰的长发，与当时盛行的头盔式沙龙发型截然相反。他们的所有选择都在对抗 50 年代的主流趣味：他们倾向于爵士乐而非电台歌曲，诗歌而非青少年杂志，大麻而非啤酒。他们选择性地借鉴黑人文化，尤其是爵士乐和比博普[2]，同时挪用东方宗教的教义。不久后，"垮掉"这个词变成了一种营销工具，吸引那些希望通过模仿"垮掉的一代"来建立反文化名声的人。乔伊丝·约翰逊[3] 在其关于垮掉派的回忆录《小人物》一书中回忆道，这个词"卖了书、黑色高领毛衣、邦戈鼓、贝雷帽和墨镜，售卖一种看似危险而有趣的生活方式，因而既受到一些人的谴责，也被其他人所模仿"。

与此同时在英国，一大波亚文化正在形成：摩斯族、摇滚客[4]和泰迪男孩。摇滚客模仿白兰度在《飞车党》中的造型，穿上皮夹克和机车靴；泰迪男孩则打扮得像爱德

1　"垮掉的一代"现实中的造型与媒体解读的版本有所差异。——作者注

2　比博普（Bebop），一种狂放炫技的爵士乐，强调音乐个性和演奏技巧。

3　乔伊丝·约翰逊（Joyce Johnson, 1935—　），美国作家。她的第一部小说《来跳舞吧》被认为是最早的"垮掉的一代"女性文学作品之一。

4　摩斯族（Mod），名称源自现代主义一词，标志性元素包括窄身西装、针织领带、手工鞋、覆耳短发、迷你裙、伟士牌摩托车、灵魂乐等。最初是一群专注于服装的英国工人阶级年轻人，大部分从事体力或低级白领工作。与之对立的摇滚客（Rocker）以摩托车皮夹克、牛仔裤和摇滚乐为标志。20 世纪 60 年代，这两个群体之间的冲突尤为常见。

华时代的花花公子[1]；而摩斯族玩弄英国传统符号，如米字旗，将方正的商务服装置于新的背景下重新诠释以符合工人阶级生活方式，并巧妙地利用体制的象征物进行抗议。嬉皮士是另一种从过去，尤其是文艺复兴时期，汲取灵感的亚文化。身处社会动荡的年代，他们通过宽大的袖子、挂毯印花等元素表达怀旧情绪，这些元素多从二手商店淘得，带着对往昔岁月的追忆。这种"真善美"的风格很快被诸多高端设计师采纳，如伊夫·圣罗兰和霍尔斯顿。

朋克将这种跨时代的拼贴风格往前推了一步。迪克·赫伯迪格[2]的里程碑著作《亚文化：风格的意义》出版于朋克运动的鼎盛时期，那时世界各地的孩子都在撕破自己的 T 恤，用别针和徽章进行装饰。赫伯迪格指出，这些日常物品"预先警告'正派'世界，这里有一种邪恶的存在，即差异的存在"。朋克将司空见惯的事物赋予"邪恶"的意味，以此表达对主流文化的拒斥。他们用穿着展现个人乃至国家层面的混乱与失序。朋克诞生于英国经济衰退、青年失去方向的时期，随后在经济紧缩的地区激起最强烈共鸣，如 20 世纪 70 年代末的洛杉矶和后佛朗哥时

---

1 指的是 1901 年至 1910 年爱德华七世统治时期的英国男性，以讲究服饰、仪态优雅和追求时尚而著称。"二战"后，伦敦的服装市场出现了爱德华时代风格的衣服。这些衣服原本旨在吸引退伍的年轻军官，但并未达到预期的效果，后被低价处理，最终流入郊区年轻人手中。1953 年《每日快报》的一篇报道聚焦了这一青少年亚文化现象，其标题将爱德华七世缩写为泰迪（Teddy），从而确立了"泰迪男孩"这一名称。

2 迪克·赫伯迪格（Dick Hedbige, 1951— ），英国伯明翰文化研究的代表人物。

代的西班牙。朋克的混乱美学恰恰映射了更广泛的社会失序。赫伯迪格写道："朋克热衷的'切割重组'暗藏了无序、崩溃与混乱：他们不仅想模糊种族与性别界限，还想通过混合不同时期的时尚细节来搞乱时间顺序。"我点到为止，说多了可就不朋克了。

朋克精神内含一种矛盾：要进行反抗，首先必须明确反抗对象，不能像马龙·白兰度在《飞车党》中那样漫无目标；要颠覆历史，首先必须了解历史。许多朋克人物曾公开承认受到已故偶像的影响，例如兰波对理查德·赫尔[1]的启发，狄更斯对马尔科姆·麦克拉伦[2]的影响。与朋克运动紧密相关的设计师薇薇恩·韦斯特伍德[3]拥有百科全书式的缝纫技艺、艺术与时尚史知识。她称自己的作品为"对抗性服饰"，并将其与五六十年代的情境主义艺术运动联系起来。她的设计，如印有伊丽莎白女王头像的破烂风 T 恤，以引人注目的"干预性"为特征。当你选择污损某件物品时，其实也在承认它所具备的象征力量。正因如此，赫伯迪格才会将朋克的反叛形容为"规章的黑暗面与监狱墙上密密麻麻的涂鸦"。它的本质是为了激起回应。

1　兰波（Arthur Rimbaud，1854—1891），法国诗人，超现实主义诗歌鼻祖。理查德·赫尔（Richard Hell，1949—　），美国歌手、作家，参与过几个重要的朋克摇滚乐队，包括"霓虹男孩""电视机""伤心人"。

2　马尔科姆·麦克拉伦（Malcolm McLaren，1964—2010），英国时装设计师、朋克摇滚和新浪潮乐队的发起人、多个乐队的经理。

3　薇薇恩·韦斯特伍德（Vivienne Westwood，1941—2022），英国时装设计师，在 20 世纪 70 年代与麦克拉伦合作，将服装和音乐结合起来，成为朋克时尚的核心人物。

此外，朋克的 DIY 精神，即"自制和修补"的理念，部分源自英国政府在战时发行的小册子。这些册子教导家庭如何在物资配给制下节省衣物。朋克文化，如同其他亚文化，建立了自己的正统体系，只有遵守其规则的人才会被接纳，而对此有所怀疑的人会遭到鄙视。

20 世纪 90 年代，垃圾摇滚从太平洋西北地区兴起，并带来新的时尚宣言。法兰绒衬衫、破洞牛仔裤和随意叠穿的保暖衣，与尖锐的和声、嘈杂的声反馈相呼应。这种风格很快便出现在秀场上。马克·雅各布斯[1]为派瑞·艾力斯设计的 1993 年春季系列是对这一潮流的高端演绎，但也正是这一系列让雅各布斯被品牌解雇。在那个超模辈出的时代，模特通常以精致的妆容和紧身套装亮相，而雅各布斯却让娜奥米·坎贝尔和克丽丝蒂·特林顿穿上法兰绒衬衫（实际上为丝绸材质）和华夫格保暖衫（实则采用羊绒材质）。她们头戴毛线帽，脚踩马丁靴，头发故意弄得乱蓬蓬的。许多评论家不知该如何看待这个系列，负面评价不断涌现，时尚评论家苏西·门克斯甚至制作了"垃圾摇滚吓死人"的徽章。时尚评论家凯茜·奥兰在《华盛顿邮报》上写道："垃圾摇滚是时尚的诅咒。一家位于第七大道的时尚公司，以这样的价格推出这样的作品，实在荒谬。"大众也难以理解，这种看似邋遢的青少年文化如

1　马克·雅各布斯（Marc Jacobs, 1963—　），美国时装设计师，曾与奢侈品牌路易威登合作多年，担任艺术总监。

何能成为时尚的新标杆。

垃圾摇滚界也显然被激怒了。考特妮·洛夫[1]说，当雅各布斯将这个系列的衣服寄给她和科特·柯本时，他们选择将那些衣服烧掉。"比基尼杀戮"乐队的凯瑟琳·汉娜回忆起她和同伴们的反应："纽约某个奇怪又爱装的设计师把这玩意儿叫作'垃圾摇滚风'，我们就得接受并承认那是我们的时尚吗？"按照部分垃圾摇滚音乐人的理解，雅各布斯的做法并未脱离我们今天所说的"文化挪用"范畴。从特定文化中提取元素，将其包装为可销售的商品，而原本的创作者既未参与，也未获益。雅各布斯的做法无意间同时激怒了主流时尚守门人和他本想致敬的反叛青年。

奥兰在 2015 年收回了对那场垃圾摇滚秀的评论，并反思自己和同行在面对具有威胁性的创新时所产生的抵触情绪。"二十多年后，我开始质疑自己对那场秀的反应，以及当时语气中的傲慢与张狂。我忽略了，甚至从未考虑过这种新事物的迷人与愉悦。如今，我欣然将其纳入自己的慵懒风格中。"雅各布斯回想起那场让他失去工作但也让他成名的秀，对奥兰说道："这违背了人们的期待……你可以走进一家店说'我想要看起来像辛迪·克劳馥'，

1　考特妮·洛夫（Courtney Love，1964—　），创立摇滚乐队"洞穴"并担任主唱和吉他手，以其尖锐、直接的歌词和狂放不羁的演出风格成为垃圾摇滚的象征人物之一。

或者'给我剪个琳达·埃万杰利斯塔的发型',但你没法说'我想要一件维多利亚时期的连衣裙,又破又烂的那种'。我想这就是恐惧的来源。"

雅各布斯的职业生涯并未因此受挫,他继续往前走,功成名就。2018 年他重新发行垃圾摇滚系列中的 26 套造型,并将其命名为"雷杜克斯垃圾摇滚"。时机恰到好处,那时的年轻音乐人和女演员开始回归垃圾摇滚风,以此对抗社交媒体上泛滥的美颜滤镜。

在某些情况下,亚文化并不通过与主流着装范式截然对立来表达自身,而是将主流服饰置于颠覆性的语境下。以 Lo Lifes 团体为例,这个由八九十年代生活在布鲁克林的非裔和拉丁裔青少年组成的群体重新诠释学院风,特别是拉夫·劳伦的马球男装[1]。他们钦佩劳伦,他出身纽约市的布朗克斯区[2],却打造出国际品牌。有时,他们会"零元购"(偷窃)梦寐以求的单品。Lo Lifes 通过自身的形象重塑了一种原本基于排他性的文化。嘻哈记者邦茨·马隆在《让我穿着 Lo Lifes 下葬》(*Bury Me With The Lo On*)一书的前言中写道:"社会告诉他们,他们配不上美国梦,但他们拒绝听话,以穿 Polo 衫的方式来挑战阶级歧视——把本不属于他们的事物变成自己的。"该团体的追随者已遍布世界各地。

1　Lo Lifes 的名字来自拉夫·劳伦马球男装(Ralph Lauren Polo)。
2　纽约著名的贫民区,犯罪率在全美位居前列。

近几十年来，亚文化本身也经历了二次挪用，衍生出越来越细化的新类别。例如，日本青少年文化中的哥特萝莉、视觉系，分别从哥特风和华丽摇滚/金属乐中汲取灵感。随着时间的推移，亚文化不仅发生了分化，也变得更加柔和：你可以是穿着"热门话题"的商场哥特风[1]，也可以是科切拉音乐节[2]上的嬉皮士。从青少年亚文化到快时尚的路程不断缩短，正如赫伯迪格所写，亚文化"被整理，变得容易理解，成为公共财产与有利可图的商品"。实际上，亚文化一直在被主流文化吸纳，只是如今这一过程的速度大大加快了。

青少年通常既渴望脱颖而出、彰显个性，又需要在某个地方找到归属感。他们可能已经做好了脱离原生家庭的准备，但距离建立自己的新家庭还有很长的路要走。在这段旅程中，亚文化往往扮演家庭替代品的角色。这或许能够解释为什么嬉皮士运动这一始于20世纪60年代的社会现象，至今仍在二三十岁的人群中保有影响力。经济困境和其他文化因素会拉长人的青春期，推迟成为父母的时间。

随着社交媒体成为主要的社交工具，亚文化风格会走向何方？过去，你必须在现实场景中展现自我——装扮

1　"热门话题"（Hot Topic），美国快时尚公司，专门销售与亚文化相关的服饰，以及授权音乐商品，其目标受众是对摇滚音乐和电子游戏感兴趣的人，大多数店铺都设在地区性的购物中心。商场哥特风（Mall Goth），一种亚文化风格，起源于20世纪80年代的英国，其特点是将哥特风格的元素融入现代的购物中心文化中。

2　美国加州三大音乐节之一，每年举行，是各路潮人争奇斗艳的场合。

成"垮掉的一代"走进咖啡馆，以亮眼的学院风造型行走在豪华商场里，又或者以精致的哥特萝莉造型漫步在日本原宿街头。但现在情况已经不同，社交媒体成为主要的自我表达平台。你在"汤不热"（Tumblr）上转发的内容可能比你的穿搭更能代表你。甚至连激发创作灵感的街头时尚也受到了这一变化的影响。2017年日本街头时尚杂志《FRUiTS》在发行20年后停刊，其创始人青木正一简单地解释说："已经没有时尚的年轻人可拍了。"

现实世界或许的确如此，但在互联网上，热衷时尚的年轻人依然活跃，他们的影响力远不止于造型本身。VSCO女孩[1]借用90年代环保主义者的元素，如勃肯鞋、发圈和Hydro Flask水杯。在局外人看来，这种风格只是加州少女风的变体，但实际上它内含对自然的敬畏与对气候变化的关注。VSCO女孩所体现的社会意识，早已突破亚文化的范畴，进入主流时尚语境。高端时尚品牌纷纷推出环境友好型设计，昭示美德的水杯突然成为一种时尚现象（玛吉·罗杰斯[2]曾挎着香奈儿水杯出席格莱美颁奖礼）。一度落入俗套的甜妹形象已然重获新生，成了令人向往的事物。

1　源于VSCO应用程序的青少年亚文化现象。VSCO是一款照片编辑应用，以其独特的滤镜和编辑工具而闻名。VSCO女孩通常以自然、随意的美学为特色，同时注重环保和健康的生活方式。

2　玛吉·罗杰斯（Maggie Rogers, 1994—　），美国创作歌手、音乐制作人，凭歌曲《阿拉斯加》在社交媒体上迅速走红。

另一种自由融合过去与现在的亚文化是电子女孩和电子男孩，其风格结合了日式卡哇伊文化、哥特、滑板和朋克元素，以经典的拼贴方式加以重构，并深受网络文化的影响。正如记者丽贝卡·詹宁斯在 Vox 网站上所写："一名青少年穿过网络结界，从另一端走出来就是电子女孩/男孩的样子。"与许多当代亚文化一样，他们不拘泥于单一的美学理念，造型宛如打开太多标签页让电脑过热。霓虹色头发上夹满发夹，妆容巧妙调色，朋克与动漫元素交织。当他们在卧室直播时，这些独特的搭配让屏幕上的他们光芒四射。

过去和现在，亚文化最显著的变化可能是不再与特定区域或社会阶层紧密相关，而是与社交媒体平台紧密绑定。小团体的形成不再仅仅基于文化认同，如对音乐类型的偏好，而是越来越多地受到用户所在平台的影响。电子女孩/男孩在抖音上尤为活跃；VSCO 女孩的名称直接来自平台本身；而 Instagram 则是阳光辣妹的聚集地，她们的妆容强调修容的准确性和眉毛的精致度。这些平台的算法，无论其运行逻辑如何，都极大地影响了最终的美学风格：轮廓分明的脸庞在 Instagram 上格外亮眼，置身于滤镜天堂的 VSCO 女孩与自然柔和的妆容更为契合。你需要像运营一只股票或撰写一篇爆款文章一样管理自己的外貌。

在《纽约客》一篇探讨"Instagram 脸"的文章中，希亚·托伦蒂诺提到，一些网红会通过整容手术来获得平台青睐的脸：高颧骨，清晰的下颌线，丰满的嘴唇。"我总有一种感觉，技术正在重塑我们的身体，使其符合它的审美。只要能增加浏览量和点赞数，它就能将我们的脸塑造成任何模样。"这种说法似乎赋予技术过多的权力，但就这一现象而言，我们很难判断其中有多少是技术自身难以预测的倾向在起作用，又有多少取决于人类的品位（当前社会认为什么是有吸引力的，人们的点赞、点击、观看、停留会给到谁），抑或两者之间的反馈循环。它们已然密不可分，以至于我们再也无法确定地说，我们的品位纯粹是出于自由意志，而不是受到机器的影响。

虽然不断变化的算法对文化的影响令人忧虑，但平台所提供的参与感和曝光度至少令人振奋。巴西、新加坡、加拿大的青少年现在可以共同参与同一种风格文化，哪怕他们不能面对面交流。过去，对有明确定义的小团体保持忠诚几乎是身份认同的全部意义，而现在，抖音等平台加快了风格的更迭，也让不同文化之间的交融变得更加顺畅与频繁。尽管有人担心，过度依赖社交媒体记录生活可能会阻碍"千禧世代"和"Z世代"的成长，但亚文化瞬息万变的本质恰恰说明，一夜之间的自我重塑并非坏事。这样的环境反而不断催生出新的文化形态。

如果你是70年代的朋克，你的影响力主要在你和周围那些足够酷且懂你的人之间扩散。像"地下丝绒"这样的乐队不是为了卖出数百万张专辑而存在，而是为了激励听众去创造自己的音乐。布赖恩·伊诺[1]曾说，"地下丝绒"首张专辑在最初五年里只卖出了三万张，但"每一个买了这张专辑的人都组建了自己的乐队"。真正的影响力并不体现在点赞数或浏览量上，而在于作品能否激发他人的创造力。[2]

然而，对于新生代创作者来说，数字往往比口碑更为重要。他们的创作要为公司赚钱，最好也能为自己带来实际回报。创作从一开始就被赋予"变现"的目标。在这个追逐资本的时代，这种现象常被视为一种积极的转变。嬉皮士并不是为了吸引巴黎时装设计师的注意而打扮；垃圾摇滚圈的朋友看到他们的造型出现在秀场时甚至感到震惊。而现在，亚文化乐于看到自己飞升为主流文化的一部分。如果运气好的话，这无疑是赚钱的良机，无怪乎他们会如此渴望取悦大众。

熟悉的剧情再次上演，旧秩序总想从新秩序中分得一杯羹。抖音合作屋[3]便是典型案例，其成员被好莱坞经纪人和真人秀制片人轮番追捧。青少年团体也不可避免地进入了高端时尚的视野，电子男孩诺恩·尤班克斯被选为思

---

1 布赖恩·伊诺（Brian Eno，1948—　），英国音乐家、音乐理论家，氛围音乐先锋，常为"U2"乐队担任唱片制作人。1994 年为微软公司的操作系统 Windows 95 制作了 6 秒开机音乐。

2 伊诺将启迪他人创造力形容为"二手"嘉奖。——作者注

3 TikTok collab houses，最初是一群创作者或网红共同租用的住宅。最初出现于 2019 年，目的是互相协作创作内容，共同促进粉丝量的增长后发展为品牌合作、商业机会和个人成长的平台。

琳品牌代言人，抖音网红纷纷出现在普拉达和迪奥的秀场前排。这是一次巨大的转变。朋克或许曾是当代设计师灵感板上的元素，但他们既不会被邀请，也无意出现在秀场前排。如今，最叛逆的行为可能就是从新秩序掌权者的口袋里"捞钱"。

"法式女孩"情结

"彼岸的草总是更青翠"这句谚语，似乎同样适用于大西洋两岸。至少，从美国人对传说中"法式女孩"形象的集体迷恋来看，确实如此。无数指南教你如何像法国女人（确切地说，是年轻的法国女性，因为"女孩"总是首选名词）那样吃早餐、洗头发、系丝巾、招待客人。这种迷恋很大程度上与那种看起来毫不费力的氛围感有关：伪素颜妆、仿佛刚睡醒时的发型、随意却有型的穿着。Goop[1]电商平台曾专门为此设计了一个着陆页，推荐诸如"终极法国女孩发刷"之类的商品。

"法式女孩"的原型是住在城市里的年轻女性，她们经济宽裕，可以随意购入羊绒衫，肤色白皙且身材纤瘦。在相关故事或照片中，有色人种或大码女性的身影几乎难觅，尽管她们同样是法国人口的一部分。相比之下，贝雷帽和法棍出现的频率要高得多。

1　由美国演员格温妮丝·帕特罗创立的时尚生活方式品牌。

迷恋会结束或消退，人们转而关注另一个国家和它的神秘精灵。这种转向在一定程度上确实发生了——北欧生活方式受到推崇，韩国美容也在全球掀起热潮。但"法式女孩"有着惊人的持久力，就像自18世纪起就作为法国象征的玛丽安娜[1]一样，她们也是永恒的营销符号。

"法式女孩"在法国之外，尤其是在美国，被推上了神坛，这一现象始于法国电影在全球范围的传播。凯瑟琳·德纳芙、碧姬·芭铎、简·柏金、安娜·卡琳娜[2]等女演员的名字变得家喻户晓，至少在那些订阅《电影手册》[3]杂志的家庭中是如此。她们代表一种全新的美，与激动人心的革命性文化时刻紧密相连，成为女性解放的象征。芭铎甚至吸引了著名女性主义者西蒙娜·德·波伏瓦的注意。我在高中时第一次读到波伏瓦于1959年为《时尚先生》撰写的文章《碧姬·芭铎与洛丽塔综合征》。当时感到十分困惑，波伏瓦笔下的芭铎是如此自然、不做作，但在我看来，她那全包粗眼线和喷满发胶的蜂巢发型并不具备解放的意味。在当时的审美标准下，芭铎的形象的确与50年代法国传统、刻意雕饰的女性气质截然不同。她

---

1 Marianne，法兰西共和国的国家象征，并外延为自由与理性的拟人象征。她的形象深深渗透入法国文化中，最著名的玛丽安娜铜像就矗立在巴黎的共和国广场上。关于玛丽安娜形象的起源说法不一，但这个无处不在的"法国第一夫人"实际上并不存在原型，她是一位被国家需求虚构出来的女性形象。

2 几乎都与法国新浪潮导演或意大利新现实主义导演合作过。简·柏金与安娜·卡琳娜并不是法国人，但常被误认为是法国人。

3 法国电影杂志，创刊于1951年，被视为推动法国新浪潮电影运动的重要力量之一。

的自然和松弛对当时的性别规范构成了挑战。波伏瓦指出，这位女演员在法国被人厌恶，在法国之外却深受喜爱："芭铎应当被视为与雷诺汽车同等重要的法国出口产品。"为了更清楚地说明巅峰期的芭铎在法国有多不受待见，波伏瓦提到一个真实事件，昂热市区的一起谋杀案被归咎于凶手看了芭铎主演的电影《上帝创造女人》[1]。

在波伏瓦眼中，芭铎是"模糊精灵"，拥有"几乎非男非女"的身体，至少从背后看是如此。[2] 她的头发像是"不拘小节的浪荡儿"，她"赤足而行，对精致的衣服、珠宝、束腰、香水、化妆品和一切心机不屑一顾"。波伏瓦将她比作孩童或小动物。如果这些描述让你联想到时尚偶像让娜·达马斯、女演员夏洛特·甘斯堡、模特兼演员卡米耶·罗[3]，那么你的感觉是对的，波伏瓦在1959年对芭铎的描绘与六十多年后媒体对这些女性的形容惊人地相似。核心是，她们毫无心机，从不用力过猛，成年后依然保有迷人的天真。几乎每个方面都带有性别歧视的意味——这些女性不会给人带来任何负担，她们不过度思考，

1　一部1956年上映的法国电影，是芭铎的成名作之一，也是她在电影史上的标志性作品。主角朱莉是个美丽又有些野性的女人，不受传统社会规范的束缚，与几个男人有着复杂的关系。

2　原文的描述是，她从背后看上去非男非女，但"她那可爱的胸部让女性气质占据上风"。——作者注

3　让娜·达马斯（Jeanne Damas，1992—　），法国设计师、模特，被媒体誉为"有史以来最典型的法式女孩"。夏洛特·甘斯堡（Charlotte Gainsbourg，1971—　），出演的作品有《反基督者》《女性瘾者》《千面女郎》等。卡米耶·罗（Camille Rowe），2008年在巴黎的一家咖啡馆被发现，开启了模特生涯。

没有成年人的疲惫感；又比任何人更懂得如何穿衣、吃饭、生活。

各种指南都在传授法式生活的"知识"，内容涵盖育儿（《法国妈妈育儿经》）、美容（《法国女人的美丽秘籍》），以及更广泛的文化观察（《如何成为法国人》，这显然不是教你如何入籍法国的书）。这类书的开山之作可能是《法国女人不会胖》，作者米雷耶·吉利亚诺提出了一系列从合理到极端的饮食建议。例如，她建议在点餐时要求"给我半份就好"，或者食用水煮大葱来净化肠胃。她将这种做法定义为"为快乐而吃"，这听起来有些矛盾。吉利亚诺还提倡购买本地食材、应时而食，强调从高品质的食物中获得满足，但这些都建立在相当水平的可支配收入之上。归根结底，她的方法是刻意回避快乐的心理游戏，她认为女性必须掌握"行之有效的自我欺骗艺术"，将精神置于物质之上，让意识超越对可颂的渴望。

海伦娜·弗里思·鲍威尔在《终极法式修炼指南》中也提出了类似的建议："你需要用钢铁般的意志来抵御任何（可食用的）诱惑。"所谓"法式随性"其实并不随性。那种看似松弛的优雅背后，是一整套严格，甚至有些近乎病态的规则。一种高度规范的社会审美，却被误解为自然流露的美感。

《法国女人不会胖》出版后不久，文化评论家凯特·泰勒就在《Slate》杂志上发表了看法："法国人接受了政府的家长式作风，而这种对家庭生活的干预在美国很难被接受。格雷格·克里策在 2003 年为《纽约时报》撰写的文章中指出，法国家庭的饮食习惯，至少近年来的习惯，实际上是国家干预的产物。20 世纪初，法国婴儿死亡率居高不下，引发了社会的广泛关注。为此，一场由政府主导的保育运动随之展开。该运动最初的重点是鼓励母乳喂养，全国各地建立起母婴诊所，政府还要求工厂设立专门的母婴区。同时，保育倡导者特别强调，与喂养不足相比，过度喂养婴儿的危害更大。对于年龄稍大些的儿童，政府建议定时用餐、规律饮食，不加餐、不给零食。儿童的口味和偏好在这一体系中被忽视。吉利亚诺在这样的环境中长大，然后将这些理念转化为建议，推荐给她的育儿读者群。这里有一个有趣的悖论，法国人之所以能在成年后从食物中获得真正的愉悦，并基于味道而非规则来选择食物，正是因为他们曾在童年受到家长和国家权威的约束。"

此外，我们也应意识到，正是这种家长式管理使法国人得以拥有更健康的生活方式：转基因食材禁令，容易获得的新鲜健康食品，较短的工作时间和充足的假期，最重要的是全民医疗保险。如果我们也能少一点工作、多一点假期，并享受免费的医疗服务，我们可能也会活得更漂亮、更松弛。这种解释就没那么迷人了，也无法用来推销口红和男友风牛仔裤。

"法式女孩"这一概念，正是推动这些商品畅销的助力。Sezane、Maje 和 Sandro 等品牌凭借时髦的设计、比设计师品牌便宜的价格，成功打入美国市场。它们的服装以优雅的方式呈现既青春又性感的气质，完美诠释法式风情。但现实中普通法国人的穿着低调得多。我在进入巴黎国立高等装饰艺术学院前，原以为会被画着彩色眼线、穿着超短裙的同学包围。然而，他们大多穿着黑色或海军蓝，款式也极为相似，仿佛是经过山本耀司重新设计的《史努比》角色。任何引人注目的行为，尤其是在穿衣上，都不被鼓励，行为规范的严格让人感到压抑。炎热的天气里，我穿着短裤出门，周围的人似乎感到不安，当然也可能是因为我没有按规则吃水煮大葱。

我的同学大多来自巴黎上流社会，他们遵循着法国上层阶级的信条，即"好品味、好阶层"[1]。蒂埃里·芒图的著作《好品味、好阶层：型格指南》堪称法国版《学院风官方手册》[2]，概述了谨慎的右岸美学——强调团体归属感，避免不必要的关注。简约且做工精细的经典服饰是他们的标配，任何偏离这一标准的服饰选择都可能会让穿着者被贴上"暴发户"的标签。文化记者伊丽莎·布鲁克撰文探讨这种风格内在的阶级优越论，指出"对 18 世纪贵族的痴迷至今仍未消退，父母通过询问孩子朋友的姓氏

1　即 Bon chic, bon genre。

2　*The Official Preppy Handbook*，用讽刺的手法探讨了学院风与北美文化的联结，是学院风时尚领域的权威作品。

来判断他们是否来自所谓的好家庭。确实,不少'法式女孩'时尚偶像的姓氏中带有代表贵族身份的'德'(de),比如香奈儿的缪斯卡罗琳·德·迈格雷和伊纳·德·拉·弗雷桑热。无论在哪里,高端时尚总是偏爱那些有购买力的人。当新贵穿上华服,上层阶级往往会对他们的行为进行规训,因为对上层阶级的模仿,有心或无意,都会被视作对权力的觊觎"。

当我们痴迷于对法式风情的浪漫化解读时,真正的法国人在做什么?他们并没有沉醉于自己所谓的法式优越感中,而是在凝视美国人,准确地说,是布鲁克林人。这种痴迷是双向的,法国人对"布鲁克林"的憧憬和美国人对"法式女孩"的想象一样,充斥着美化和误读。两种文化正透过单向玻璃凝视彼此。

给任何法国事物加上定语"布鲁克林",就如给任何纽约事物加上"巴黎"一样,档次立马就上去了。在巴黎,你能看到布鲁克林咖啡馆、布鲁克林比萨店、布鲁克林餐厅。法国街头服饰品牌 BWGH 不仅名字源于美国饶舌歌手 Jay-Z 的歌曲《布鲁克林向前冲》,还推出了一款印有"布鲁克林讲法语"的卫衣。巴黎的乐蓬马歇百货公司曾举办"布鲁克林左岸"市集,销售来自布鲁克林的咖啡豆和梅森罐。当然,法国人看待布鲁克林和美国人看待巴黎一样流于表面,只模仿特定街区,如威廉斯堡和公园坡[1]，而忽视了布鲁克林的多样性和工薪阶层的存在。如今，在布鲁克林，白人居民已经成为少数群体。

对一种文化的预期与实际体验之间的落差，有时大到让人产生心理反应。以"巴黎综合征"为例，这是一种发生在游客身上的文化冲击现象，通常不被归为心理疾病，但会引发一系列心理和生理反应，包括幻觉、被迫害感、头晕、呕吐等。许多游客初次来到巴黎都会经历类似的震惊，原来这座城如此不干净、嘈杂、冷漠。人们这才意识到这座城市与其他地方并无二致，远非《天使爱美丽》中那般浪漫迷人。

谁能想到，我尽管对"法式女孩"风格进行了如此多的批判性思考，却一发不可收地爱上了它的丹麦版本。在哥本哈根时装周获得前所未有的关注之后，我目不转睛地盯着那些时尚街拍，里面的丹麦酷女孩穿着蓬松的派克大衣，脚踩霓虹色老爹鞋。Ganni、Saks Potts 和 Cecilie Bahnsen 等丹麦品牌凭借大胆狂野的色彩和印花迅速吸引了一大批追随者。你就算不是丹麦酷女孩，也能驾驭这种风格。

我们对哥本哈根的狂热，不过是北欧迷恋症候群的冰山一角。这种对斯堪的纳维亚的崇拜，涵盖了极简设计、

1　威廉斯堡因充满艺术气息的社区、独立设计师的商店、时尚的咖啡馆而闻名，吸引了大量年轻人、艺术家和创意人士。公园坡因漂亮的联排别墅、优质的公立学校而著称，被认为是布鲁克林最适合家庭居住的街区之一。

料理风格，以及丹麦 hygge[1] 哲学的全球流行。当然，天气除外。类似于那些教人如何像法国人一样享受生活的指南，近几年也涌现出大量教人如何过得更 hygge 的指南，如《一年丹麦式生活》《保持冷静，继续 Hygge》《Hygge之道》等。

由国家提供的舒适感就像一条毛毯，温暖而易得，但有时也可能使人窒息。挪威作家卡尔·奥韦·克瑙斯高[2] 曾批判斯堪的纳维亚社会的保守和对个性的压制。他在《T》杂志中回忆自己的成长经历时，提到高大罂粟花综合征[3]："你只要戴上一顶略显奇怪的帽子，或者穿上一条特别的裤子，就可能被排斥、嘲笑，最糟糕的情况是被彻底无视。'他还以为自己多特别呢'是对一个人所能说出的最难听的话。"夏洛特·亚伯拉罕斯在《幸福丹麦流：Hygge！每一天愉悦舒心的生活提案》中指出，一个 hygge 的家庭"不会谈论政治或任何可能引发紧张情绪的话题"。作家迈克尔·布思[4] 则称这种现象为"自发的社交失语，更像是一种自我满足式的排他主义，而非同享欢乐

---

1 丹麦语，是丹麦人的一种生活态度，《牛津词典》释义为"一种舒适惬意的愉悦，能带来满足感和幸福感"。

2 卡尔·奥韦·克瑙斯高（Karl Ove Knausgård，1968— ），以其六卷自传体小说《我的奋斗》系列而闻名，2017 年获得奥地利国家欧洲文学奖和耶路撒冷文学奖。

3 Tall Poppy Syndrome，源自澳大利亚和新西兰的比喻性表达，用来形容那些在某些方面表现出色的人遭到社会的嫉妒、贬低或排斥的现象。

4 迈克尔·布思（Michael Booth），英国非虚构作家，获 2012 年度英国旅行类出版物奖提名，著有《北欧，冰与火之地的寻真之旅》。

的理念"。事实上，hygge常出现在丹麦极右翼政治宣传中，用来唤起人们对家庭和国家这两个封闭圈子的认同与依恋。

另一个生活方式出口大国是韩国。韩国政府对化妆品技术的投入，增强了韩式美容和韩国流行音乐偶像在时尚和美妆领域的软性影响力。素颜霜、气垫粉底、面膜和精华等产品迅速在全球流行。众多美妆品牌和全球电商平台纷纷承诺为消费者打造理想的韩式陶瓷肌；同时各地的药妆店也开始上架韩国美容护肤产品。韩式12步护肤法也逐渐成为日常护肤的标准流程（当然，是出于"自我关爱"的名义），仿佛只要照着做，你就能拥有像防弹少年团成员那样光洁无瑕的皮肤。

尽管韩国在美容护肤领域的霸主地位无可争议，但这并不意味着韩国拥有悠久的美妆传统。在《纽约时报》一篇题为《我在韩国美容产品的包围中长大，美国人，你们上当了》的专栏文章中，美籍韩裔作家洪又妮质疑了所谓的"韩国古法美容护肤"。她指出，20世纪八九十年代她生活在韩国时，这些产品和12步护肤法根本不存在。当时的韩国美妆达人用的是来自美国、法国和日本的产品。如今，虽然韩国文化以美为导向，但很难说这个国家的每个人都遵循相同的护肤流程。事实上，许多韩国人之所以能拥有无暇皮肤和年轻外貌，部分归功于整容手术和肉毒杆菌。洪又妮总结道："如果真的有什么'韩国美容护肤秘诀',那应该是在护肤上投入大量时间、金钱和精力。"所谓的"韩国古法美容护肤",不过是一种营销策略,它成功地让很多人相信自己变美了。

向其他国家寻求改善生活的灵感,在理想情况下,是真诚的自我提升之路,即便可能夹杂着某种自恋倾向。然而,这种行为也可能强化"好女人应该如何生活""时尚达人就该这么穿"的单一模板。最终可能导致的结果是,无论你怎么洗头、怎么吃早餐,甚至怎么呼吸,你都可能被判定为是不符合标准的女性。

巴塔古驰 [1]

卡雅·格伯 [2] 穿着卡哈特夹克漫步纽约街头。米兰和巴黎时装周的参与者穿着巴塔哥尼亚摇粒绒外套，并搭配古驰单品，这种混搭被戏称为"巴塔古驰"。与此同时，迷彩服、工装裤和军装在秀场频繁亮相，水手裤、皮夹克和飞行员夹克也成为当季热门单品。

我们很少意识到自己身上的衣服实际上脱胎于军装、工作服和户外装备。它们早已远离最初的使用领域，转而成为现代衣橱的基石。它们被转化为时尚语言的方式揭示了当代社会在阶级、劳动与战争等议题上的道德观与审美立场。

一个社会潜藏的执念，有时会在时尚中悄然显形。例如，21 世纪初沿海精英阶层曾热衷于卡车司机帽与"白

1　Patagucci，结合了巴塔哥尼亚和古驰的名称。近年来，巴塔哥尼亚不仅在户外活动中流行，还成为一种时尚单品，在时尚圈受到热捧。

2　卡雅·格伯（Kaia Gerber，2001—　），名模辛迪·克劳馥之女，自 2017 年在时装周首次亮相以来，主演了一系列时尚品牌的广告，并于 2018 年荣获英国时尚奖年度模特奖。

人垃圾"[1]风格；发达城市的居民偏爱户外嬉皮风，穿着法兰绒外套和印有狼图案的 T 恤；工装与户外品牌在高端时尚中持续流行。当社会中的某一群体——如农村务农人口——开始衰落时，他们的风格反而在时尚领域备受推崇。于是，嬉皮士与超模现在纷纷裹上了卡哈特外套。

日常穿搭中的许多经典单品与战争历史紧密交织。以风衣为例，这种堑壕战[2]的标志性服饰，从 19 世纪麦金托什[3]防水外套演变而来，巴宝莉和雅格狮丹对这款外套进行了改良，使其更轻便、时尚，同时保留了实用性。[4] "一战"期间，风衣变为短小轻便的形态，其卡其色恰好与战场环境融为一体，因此成为标准厚羊毛大衣的防水替代品。由于军官需自费购买，这也使得风衣成为一种地位象征——一种战场上的阶级标志。

战后，英国政府将剩余物资发放给普通民众，风衣因此开始进入日常生活。它逐渐脱离体育和军事背景，转化

---

1 white trash，主要用于形容贫穷、未受良好教育的白人群体，尤其是生活在农村或低收入社区的人，带有强烈的阶级偏见。"白色垃圾"风格起源于 21 世纪初，在都市年轻人和时尚圈中得到认同，通常模仿美国工人阶级或低收入白人群体的穿着风格，典型元素包括卡车司机帽、破洞牛仔裤、白色背心、格子衬衫。

2 一种军事作战形式，主要特点是在战斗中挖掘、利用防御性壕沟来保护部队。风衣的英文是 trench coat，其中 trench 就有堑壕的意思。

3 Mackintosh，英国经典雨衣品牌，由查尔斯·麦金托什于 1823 年创立。他发明了一种将橡胶涂层与布料结合的防水技术，使得外套既防水又耐用。

4 有资料显示，军官穿的是巴宝莉一款名为"tielocken"的防雨外套。这款外套于 1912 年问世，采用的是巴宝莉独家研发的嘎巴甸面料，为中长款，有双排扣、排水孔、腰带等细节。tielocken 算是风衣的前身，是过渡阶段的产品。——作者注

为民用服饰，并很快被赋予了更多的象征意义。风衣成为温文尔雅的私家侦探的标志，汉弗莱·博加特在《马耳他之鹰》和《夜长梦多》中都以风衣造型亮相。它既能为《白日美人》中的凯瑟琳·德纳芙增添一种资产阶级式的温柔与矜持，也能使刻板印象中的暴露狂更显猥琐。哥伦拜恩校园枪击案发生后，美国很多高中开始禁止学生穿风衣，仅仅因为凶手作案时穿着风衣，并被错误地认为与一个名为"风衣黑手党"的组织有关。相比之下，修订枪支法或许才是更切实有效的举措。但这正是时尚的象征力量，它能让一件外套成为某种未知威胁的代名词。

如今，巴宝莉风衣已然成为地位与品位的象征。它的许多军事元素，如肩章、右肩前的枪皮瓣，以及用于固定佩剑的 D 环腰带，成为一种装饰。风衣失去了原本的功能性，宛如一个退化的器官。正因为风衣的普遍性，它也更容易成为被颠覆的对象，仿佛一块不断被重新涂抹的画布。设计师组合维果 & 罗夫为风衣增添荷叶边装饰；川久保玲在 2016 年大胆改造巴宝莉风衣，以极富前卫感的新比例呈现，使其看起来仿佛被炸开了。而另一些设计师则以达达主义的方式，直接在现有衣服上进行再创作。挪用主义者米格尔·阿德罗韦尔在 2000 年秋季的"闹市"系列中展示了一件内外翻转的巴宝莉风衣。他从朋友那里收来一件旧衣，将其拆解、重新设计成一件连衣裙，使巴宝莉的标签和经典格纹内衬外露，或许意在揭示这件看似低调的衣服背后所隐藏的阶级属性。

　　设计师同样将巧思运用于其他军用服装。1968年伊夫·圣罗兰推出了以北非德国远征军制服为灵感的"狩猎女装"系列，其中最广为人知的单品是狩猎夹克[1]。在1991年春季系列中，设计师弗兰科·莫斯基诺[2]设计了一套名为"逃生装"的军绿色套装，配备的则是现代女性的"武器"——口红、化妆刷、粉饼等。高端版工装裤仍不断涌现。2010年法国时尚品牌巴尔曼推出了一款售价2000美元的紧身工装裤，裤腿紧贴皮肤，几乎如同一层保鲜膜，上身搭配的是破洞T恤。

　　时尚界将军事风格转化为成衣，令战时元素变为时尚宣言，这一过程并没有花费太长时间。早在1919年，"一战"刚结束一年，伦敦切尔西艺术俱乐部举办了一场活动，参与者身穿印有视觉迷幻图案的衣服，这种图案原本用于战舰伪装，通过制造虚假的三维效果，扰乱敌方判断。战争的隐喻和意象被用作时尚素材，服务于光鲜亮丽的上流社会。

　　近半个世纪后，迷彩被赋予反战意味，逐渐成为反战运动的象征。反越战人士特别喜欢穿迷彩服，演员简·方

1　狩猎夹克有四个对称的口袋，并带有腰带。这一设计既时尚又注重实际需求。圣罗兰的狩猎装彰显当时女性追求独立与自由的新时尚态度，成为时尚经典。

2　弗兰科·莫斯基诺（Franco Moschino，1940—　），意大利时装设计师，喜欢运用讽刺和幽默的元素来挑战时尚界的固有观念，重视剪裁和工艺，致力于打造高质量服装。

达曾身穿一件军队剩余的外套参加反越战巡演。很快，迷彩变得去政治化、无叙事意义。20 世纪 80 年代，设计师斯蒂芬·斯普劳斯[1]受艺术家安迪·沃霍尔"迷彩"系列的启发，推出了糖果色迷彩设计。这种荧光版迷彩图案一直流行至 21 世纪初，鲜艳的视觉语言早已背离迷彩原本"隐蔽"的初衷。

"9·11"事件后，美国陷入所谓的"无尽战争"，对爱国主义与军事实力的狂热崇拜愈演愈烈，呈现出日渐诡异的趋势。战争元素在时尚领域变得愈加直观。女子组合"天命真女"在《幸存者》（"Survivor"）MV 中，身穿撕扯破洞效果的迷彩装，露出结实的腹肌。同年，"小甜甜"布兰妮·斯皮尔斯以低腰军裤搭配挂着假勋章的短背心登台表演。这一流行现象的参与者大多远离真实战场，这种错位几乎令整件事带上了某种讽刺意味。杰里米·斯科特[2]设计了一款带有米老鼠耳朵的军用头盔，并在后来接受《纽约客》采访时说，"这是在嘲笑战争的幼稚与愚蠢"。2009 年蕾哈娜在一支 MV 中戴上了这顶头盔，肩上还挂着子弹带。

少数几位设计师在运用军事元素时展现出深刻的批判意识。亚历山大·麦昆便是一例，他的作品常常围绕暴

---

1 斯蒂芬·斯普劳斯（Stephen Sprouse, 1953—1994），美国时装设计师，以鲜艳的色彩、大胆的图案和独特的剪裁著称，常将朋克、街头文化与高端时尚相结合。

2 杰里米·斯科特（Jeremy Scott, 1975— ），美国时装设计师，善于将卡通人物、品牌标志和其他流行符号融入设计，创造出引人注目的作品。他的许多设计被视为对消费主义和时尚本身的戏谑与反思。

力与权力展开，从以维多利亚时代连环杀手为灵感的毕业作品"开膛手杰克跟踪受害者"，到 1995 年秋冬展现英格兰对苏格兰压迫的"高地强暴"。1996 年他在伦敦东区的基督教堂举办了秋冬大秀"但丁"，这是少数几场以严肃视角探讨战争的军事风格时装秀之一。在这场秀中，除迷彩与流苏军装大衣外，麦昆还将唐·麦卡林[1]记录越战与索马里饥荒的纪实影像印在衣服上。尽管麦卡林本人拒绝这种使用方式，麦昆依然坚持他的创作立场。珠宝设计师肖恩·利恩[2]为这场秀打造的荆棘手镯，造型如铁丝网般尖锐锋利。麦昆告诉《女装日报》，这场秀关于"多年以来的战争与和平……我认为每一场战争都因宗教而起，这也是为什么我要在教堂举办这场秀"。

那一季的秋冬时装秀上，多位设计师推出了以军事为灵感的作品。时尚评论家苏茜·门克斯在《纽约时报》撰文指出："当服装不再具有其原始功能时，战时的影像往往会被时尚领域吸收。实用的物品开始变得装饰化，比如曾经用来装备弹药用的银球纽扣。军装会被纳入日常生活，像短夹克、风衣。……在当代西方社会，年轻人参军的比例相对较低，因此那些修身的衣服，相较于宽松的运动服，

---

1 唐·麦卡林（Don McCullin, 1935— ），英国新闻摄影记者，穿梭于 20 世纪下半叶的主要战场和重要冲突地区，80 多岁高龄仍深入战场进行拍摄，被公认为世上最杰出的战地记者。

2 肖恩·利恩（Shaun Leane, 1969— ），以大胆、前卫、富有雕塑感的设计风格而闻名，最广为人知的作品是与麦昆合作的系列。他创作了许多令人惊艳的珠宝与配饰，这些作品常常在麦昆的时装秀上作为视觉焦点出现。

拥有更大的美学吸引力。"

她的观察至今仍具有重要的参考价值。战争的形式已经发生变化，如今的战场可能是穿着牛仔裤的无人机操作员，或者穿着运动裤的黑客，而不再是身穿迷彩的士兵。此外，随着沿海上层社会与实际战事的脱节，它所供养的高端时尚在使用军事元素时更加注重去语境化。

从街头品牌到高端时尚品牌，包括马克·雅各布斯、迪奥、香奈儿，都或早或晚跳上了军事风格的列车。一些设计师像麦昆一样对其进行颠覆，另一些则将其浪漫化。2001 年春季，马克·雅各布斯为路易威登设计了玫瑰图案的迷彩。他曾表示，"军装已成为时尚语言的一部分"。在当时，这类设计仍是一场时尚事件；而如今，军事元素已成惯用符号，需要被重新激活与想象。

同样具有里程碑意义的是抓绒外套的出现。设计师桑迪·梁 [1] 改造了户外品牌 REI 的经典款，采用荧光色、豹纹印花，并搭配撞色口袋。这款外套迅速成为纽约下东区的"制服"，并被其他品牌竞相模仿。她的设计恰好契合了户外机能风 [2] 的流行趋势。这一风格吸引的是那些没有太多时间真正走进自然、但向往那种生活方式的人。他们

---

1 桑迪·梁（Sandy Liang, 1991— ），2014 年推出同名个人品牌，2018 年入选《福布斯》艺术与设计类 30 位 30 岁以下杰出人物。

2 gorpcore，由 gorp 和 core 组合而成。gorp 指的是徒步旅行时用来补给的葡萄干和花生，core 则来自 normcore。该词最初用来讽刺丑到极致的户外服装。2022 年户外机能风火遍世界各地。

身穿高端功能性服饰和登山凉鞋在城市中穿梭。对他们而言，户外机能风不仅是健康生活的象征，更是一种《瓦尔登湖》式的内心平静。这类穿搭印证了经济学家索尔斯坦·凡勃伦[1]提出的"炫耀性休闲"概念。在风景如画的地方徒步或在大自然中漫步放松，再将照片实时分享到社交媒体，上层阶级尤爱通过这种方式来展示自己。随着闲暇时间日益稀缺、绿地空间逐渐缩小，亲近自然正成为一种特权。如果无法真正去徒步旅行，那就至少穿得像个徒步者。

户外马甲在金融界意外找到了舞台。由于交易大厅内气温常年偏低，设计师款绗缝马甲逐渐成为"标配"。金融危机后，金融界借鉴硅谷的风格，不再是华尔街之狼，而是裹着抓绒马甲的羊，尽管马甲上的 logo 依然暴露了穿着者的身份。在美剧《继承之战》和《亿万》中，抓绒马甲是"企业掠夺者"的标志性造型。Instagram 街拍账号 @ 中城制服（@MidtownUniform）专门分享衬衫搭马甲的"金融民工"。马甲风潮很快从金融界扩散开来，成为精英阶层的标志。每年达沃斯论坛上，几乎人人都像穿着防弹衣般裹着马甲。亚马逊创始人杰夫·贝索斯穿着绗缝马甲现身 2017 年太阳谷峰会，苹果首席执行官蒂姆·库克和优步首席执行官达拉·霍斯劳沙希等大佬也都曾身着

1　索尔斯坦·凡勃伦（Thorstein Veblen，1857—1929），制度经济学派的开山鼻祖，著有《有闲阶级论》。

抓绒马甲。

马甲被富豪看中，乍看之下有些违反直觉。他们似乎在寻求物理和象征意义上的隔离，这无意间暴露了财富金字塔顶端人群的某种隐秘脆弱与本能的自我保护。在新经济时代，政客和公民不断质疑他们享有的特权，他们感到自己完全暴露在外。在这样的背景下，那些经过精密设计与技术优化的马甲逐渐成为一个时代富豪的视觉隐喻。

你当然不需要一件高端抓绒外套去征服老板或甲方。在寒冷的日子里，你也不需要穿着为南极科考人员设计的外套走几步去星巴克买咖啡。但与时尚有关的选择，又有多少真的是出于实际需要，而非"想要"？《纽约》杂志前编辑总监诺琳·马隆在一篇文章中，将纽约街头随处可见的加拿大鹅外套比作柏油路上的悍马和路虎。她写道，这类外套是"不断演变的高档符号中的最新一款"。更重要的是，这是试图通过钱来隔绝不适感，在充满不确定的环境中用钱为自己加上一层保护壳。"天才式营销让穿着者相信，穿上这件外套不仅可以抵御寒冷，还能克服更多的挑战。"

工作服是许多时尚经典的源头，它们起初属于精英阶层主动远离的领域。牛仔最初是意大利水手的工作服，后来出现在美国淘金时代的牛仔与矿工身上。耐磨的牛仔布专为满手老茧的体力劳动者设计。1886 年李维斯开始使用一款新的牛仔裤标签，标签上描绘了两匹马分别向相反方向拉扯一条牛仔裤，以此彰显其产品的耐用性。时至今日，李维斯仍在使用这一图像的变体。

牛仔裤曾因牛仔形象而带有某种传奇色彩，经历了漫长的时间才逐渐进入日常穿着的范畴。20 世纪 50 年代，詹姆斯·迪恩和马龙·白兰度等明星将牛仔裤穿成了反叛者的标志性服装。对于反叛者来说，不必多言，穿上便是宣示态度。与牛仔靴和按扣衬衫等更具西部特色的服饰不同，牛仔裤轻松融入现代衣橱。如今，除了婚礼、葬礼、庭审和一些正式办公场合，你几乎可以穿着牛仔裤出现在任何地方。它从边缘走向主流，从姿态变成常态，成为一种通用服饰。

20 世纪 80 年代，卡尔文·克莱因、格洛丽亚·范德比尔特等设计师重新定义了牛仔裤，将其打造成性感且具有强烈品牌标识的时尚单品。进入 21 世纪，优质丹宁布出现，原本以耐磨和易打理著称的牛仔裤再次进阶，正式迈入奢侈品行列。7 For All Mankind、J Brand 等品牌推出带有 logo、猫须纹等装饰性细节的款式，售价动辄数百美元。

如今，一些高端品牌推出了故意做旧、撕破或喷溅油漆的牛仔裤，还有品牌专注于改造旧的李维斯牛仔裤。曾是工人标准装备的牛仔裤已是时尚界的"圣杯"。品牌 PRPS 甚至在 2017 年推出了一款特意设计成沾满泥土效果的牛仔裤，并配以郑重的产品说明："高度做旧的中蓝色牛仔裤，舒适直筒修身版型，尽显美式工装的粗犷魅力。经过多重工序处理，上面布满裂痕和泥土涂层，彰显穿着者不怕跌倒、不惧脏活的风范。"这款牛仔裤一经推出便在推特上引发热议。锐步（Reebok）发布了一张布满（假）汗渍的运动衫照片，嘲讽这种技巧性获取辛勤劳动与真实性的做法。真人秀《行行出状元》[1]的前主持人迈克·罗在脸书上直言："终于有了一条看起来像是做苦差事的人穿过的裤子……卖给那些并不干粗活的人。"在他看来，这"进一步证明了'工作之战'[2]在文明社会的各个角落持续着"。[3]一条蓝色牛仔裤竟触及了红蓝阵营之间的分歧。

随着从事农业与体力劳动的人越来越少——这些工种要么被外包至海外，要么因自动化而消失——连体工装裤、锅炉劳保服等原本属于工作现场的服装成为新的地位象征，这并不令人意外。这股潮流的兴起，或许也与"#MeToo"运动之后人们对强调身材曲线的服装兴趣减退有关。女性主义者早已反驳那种将性骚扰归咎于受害者穿着的陈腐观念。尽管如此，随着"#MeToo"运动在各个行业广泛传播，时尚领域似乎趋于保守，强调遮蔽与防护。

1　*Dirty Jobs*，主持人迈克·罗在节目中与各行各业的劳动者一起体验他们的工作，致力于展现劳动者的辛苦付出。

2　war on work，指的是一种文化或社会现象，表现为对传统工作和劳动价值的贬低或轻视。

3　迈克·罗官方网站的表述与《福布斯》的报道略有差异，文中引述的是后者，网站中已找不到此段文字。——作者注功能性再次成为服装设计的核心逻辑，将身体包裹进工作制服式的设计中，也是一种态度的表达："我是来工作的，请勿多想。"这类设计仿佛为觉醒时代的女性提供了一层坚硬的外壳，不仅是对现实环境的回应，也是一种象征性的保护与力量。

格温妮丝·帕特罗、玛戈·罗比和达科塔·约翰逊[1]都穿着高端锅炉服出席活动；帕特罗的网店还销售过斯特拉·麦卡特尼[2]设计的精致改良版。即便锅炉服不再象征"用双手劳动"，它依然未曾完全摆脱劳动的意涵。作家奥利维娅·斯特伦曾探讨锅炉服与女性劳动之间的联系。对于像她这样努力平衡一切、兼顾多重角色的母亲来说，锅炉服确实非常实用。"在这个推崇多线程与高效率的时代，名人常被拍到'像普通人一样'在城市中奔波忙碌，而改良款锅炉服无疑成了'当下的权力套装'，体现了现代生活的实用哲学。这种"工作马"式的单品，你可以穿着它接听电话、接孩子放学、去上瑜伽课、制作无麸质食物。"锅炉服在曼哈顿市中心和布鲁克林已是常见穿着，以至于当费莉西蒂·赫夫曼[3]穿着监狱连体服的照片被曝光时，

1　均为美国知名演员。

2　斯特拉·麦卡特尼（Stella McCartney，1971—　），英国时装设计师，其设计以优雅和现代感著称，强调可持续性。2004 年与阿迪达斯合作，推出专为女性设计的功能性运动系列。

3　费莉西蒂·赫夫曼（Felicity Huffman，1962—　），美国演员，2005 年凭借《绝望主妇》获得艾美奖喜剧类剧集最佳女主角，2006 年因在电影《穿越美国》中的表演获得奥斯卡最佳女主角提名，2019 年因涉及为女儿争取入学名额的贿赂丑闻而被指控，最终认罪并被判处 14 天监禁。

有网友调侃道："现在 SOHO 每个女孩都这么穿。"

与军事风格、户外装备类似，工作服的穿着者往往早已与这些服装原本所代表的现实世界脱节。中产阶级身穿这些带有"功能性"象征的服饰，某种程度上更像是在参与角色扮演游戏，试图以可识别的装扮，重申自己"与普通人无异"的立场。

在《安迪·沃霍尔的哲学》一书中，沃霍尔写道："美国这个国家的伟大之处在于开创了一项传统，其中最富有的消费者与最贫穷的消费者基本上购买相同的商品。你可以在电视上看到可乐，总统喝可乐，伊丽莎白·泰勒喝可乐，你也可以喝可乐。可乐就是可乐，再多的钱也买不到比街角流浪汉手中的可乐更好喝的可乐。"正如沃霍尔笔下的可乐所象征的那样，这类服饰的去语境化强化了"我们都一样"的幻象，身穿 T 恤和马甲的亿万富翁与身穿同款的农民似乎没有区别——当然，意大利制衣除外。将这类服饰置于其原始语境之外的穿着，成为一种展示个人风格与阶层超然感的方式。没有人会把卡雅·格伯或海莉·比伯误认为重型机械操作员，身穿卡哈特只会让她们更显超模风范。

薯片上的鱼子酱

　　时尚界钟爱"高低错位"的时刻，即将所谓"低端"事物提升至高端时尚的地位。一个典型例子是，2014年美国设计师杰里米·斯科特接管意大利品牌莫斯基诺（Moschino）后，推出了一场以垃圾食品为主题的时装秀。一件礼服仿佛揉皱的快餐包装袋；一件卫衣印有麦当劳的符号及"莫斯基诺：已售出200亿件"的字样；一件灵感来自百威啤酒的斗篷——这场秀带着强烈的戏谑意味，被他命名为"快时尚"。

　　斯科特将密苏里乡村男孩的真诚特质注入他掌舵的意大利大牌之中。该系列玩弄资产阶级时尚的典型元素，例如将香奈儿经典女士套装改为麦当劳的红黄配色，既戏仿又反讽其沉闷刻板。这场秀立刻成为话题焦点，在斯科特一众明星好友的助推下广受关注。但它也招致了一些批评。英国《金融时报》的瓦妮莎·弗里德曼将这场秀称为"一系列糟糕的笑话"，甚至虚构了一段斯科特潜在顾客的对话：

"你的梦想是什么？"

"噢，我梦想穿上一件讽刺炸薯条的派对裙！"

那场秀结束后，我代表《ELLE》前往洛杉矶采访斯科特。当谈及一些评论者的抵触反应时，他说："或许是因为人们已经意识到［秀场时尚］太沉闷、太无聊了。说到底，这是最纯粹意义上的奢侈品，因为你根本不需要。我们谁都不需要再多一款衣服，这个世界的手提包已经足够多了。"

稍微回顾时尚史就会发现，斯科特的戏谑其实并不新鲜。弗兰科·莫斯基诺设计过形似购物袋的衣服，让模特帕特·克利夫兰[1]穿上类似航空救生衣的夹克，把泰迪熊缝在衣服上，给手套"涂"上指甲油，甚至用亮片在礼服上拼出"VIP"，在外套腰间印上"腰缠万贯"[2]。他擅长以不敬的方式向其他设计师致敬。他曾对《GQ》说："有趣的衣服必须做得非常精致，才称得上时尚。把T恤做得搞笑很容易，但让貂皮大衣变得有趣，就需要智慧。毕竟，如果鱼子酱变便宜了，它在人们心中的味道也会随之降低。"

鱼子酱配薯片，阳春白雪与下里巴人，这种"高低错位"的交汇正是时尚诞生的土壤，尤其是在当下。时尚编

---

1 帕特·克利夫兰（Pat Cleveland，1949— ），时尚界传奇人物，以充满活力和个性的走秀风格而闻名，常常打破传统模特的形象。

2 原文为"WAIST OF MONEY"，除了"腰缠万贯"，还有"浪费钱"（waste of money，音同 waist of money）的双关含义。

辑黛安娜·弗里兰[1]曾写道："少许坏品味就像恰到好处地撒了一点辣椒粉。我们都需要一点点坏品味，它有趣、健康、富有生气。我觉得我们可以更多地使用它。我从不反对任何一种品味。"一点点"低俗"元素确实能为设计增加风味和层次感，避免落入无聊与中庸。然而，玩得过火，也容易滑向傲慢，甚至冒犯他人。时尚界的许多争议，其实都源于这份介于幽默与冒犯之间的暧昧感。

1971年伊夫·圣罗兰的一场时装秀引发巨大争议。这场秀最初被称为"解放"或"四〇年代"，但后来更多人将其称为"丑闻"。在古着尚未成为潮流符号之前，圣罗兰的朋友帕洛玛·毕加索[2]早已沉迷于跳蚤市场的复古宝藏。在她的启发下，圣罗兰打造出一组充满怀旧气息的造型：大垫肩、短下摆、厚底鞋，多彩的皮草与浓妆一同上阵。

设计师总是从过去汲取灵感，这似乎没什么大不了的。但在1971年的巴黎，情况并非如此。尽管"二战"结束已有二十五年，人们仍认为重回战时美学"为时尚早"。《卫报》评论道："圣罗兰不肯放过我们，这场秀是坏品味的集大成者，没什么比这种媚俗的尝试更可怕。"

1　黛安娜·弗里兰（Diana Vreeland，1903—1989），20世纪最具影响力的时尚编辑之一，曾将许多未被重视的设计师和时尚元素推向公众视野。

2　帕洛玛·毕加索（Paloma Picasso，1949—　），法国珠宝设计师、艺术家，1980年与知名珠宝品牌蒂芙尼合作，推出了她的第一个珠宝系列，迅速获得广泛好评。不仅以大胆用色和独特设计成为业界瞩目的设计师，还以其极具个人风格的穿搭成为风格偶像。

这场秀之所以引发愤怒，原因有二：那些原本属于二手市场的服饰被抬升为高级时装，威胁到了巴黎时尚的封闭世界，而这个世界已经受到反文化风潮的冲击。1960年圣罗兰为迪奥设计的以"垮掉的一代"为主题的系列就已遭遇过类似的非议。其次，这种审美选择不可避免地触及政治神经。20世纪40年代的风格唤起了人们对纳粹占领时期的记忆。圣罗兰成长于阿尔及利亚，并没有亲身经历那个年代，因此或许未能充分预见这些元素会唤起怎样的集体情绪。

时尚有时可以不带任何居高临下之意涉足某个领域。然而，在很多情况下它以强制的姿态介入。所谓的"泥土怀旧"[1]，正是时尚屡屡失误的症结所在。

设计师约翰·加利亚诺[2]每天清晨与健身教练沿塞纳河跑步。途中，他留意到无家可归者在桥下避难。他看见了大多数巴黎市民选择忽视的人群，但并未关心他们的生存处境，只是记下了他们的穿着。他后来告诉《纽约时报》："他们中有些人看起来像剧院经理，把外套披在肩上，将帽子以特定角度戴着。真是太奇妙了。"这种"奇

1　Nostalgie de la boue，一个源自法国文学的术语，指对低俗、肮脏或底层生活的迷恋与向往。这种情感通常由社会精英或上流阶层表现出来，他们以浪漫化或理想化的方式寻求一种与自己特权地位相反的、看似"原始"或"真实"的体验。作者注：该术语最著名的定义由作家汤姆·沃尔夫提出，"沉浸于模仿底层风格所带来的粗俗快感"。

2　约翰·加利亚诺（John Galliano, 1960—　　），英国时装设计师，其设计常融合浪漫、戏剧性和历史元素。1996年被任命为迪奥创意总监。2011年的反犹言论导致他被暂时停职并退出迪奥。2014年重新回归时尚界。

妙"被他带入了设计中。他开始研究 20 世纪 30 年代巴黎的破布舞会，当时上流社会的人身着沃斯时装屋[1]的破旧风礼服，在舞池中优雅地穿梭。他将这一灵感转化为迪奥 2000 年春季高级定制的"流浪汉"系列。模特身披印有报纸图案或仿佛烧焦撕裂的丝绸，配饰是空瓶子与瓶塞。

"我从未想过把苦难打造成一场奇观"，加利亚诺后来这样辩解。然而，无家可归者联盟等组织发出警告，一些活动家出现在门店前抗议示威。加利亚诺也并非毫无支持者，《女装日报》的一位评论员写道："这场秀并不具有冒犯性，或许因为他对描绘对象投入了强烈情感，表现出极大尊重，甚至有些爱上了他们。"这场秀引发的争议使其进入了大众文化，在电影《超级名模》[2]中被恶搞成"遗弃"系列。

以当下的视角来看，几乎难以想象这样的系列不会令设计师遭到"取消"。但当时的反对声音，在某种程度上也源于加利亚诺所描绘的贫穷过于贴近现实。设计师常常从发展中国家汲取灵感，提取传统服饰元素，却很少因此受到批评，至少在当时是如此。然而，当贫穷来自身边——家门口的塞纳河畔——巴黎人便立刻表现出抗拒与不屑。

1　House of Worth，19 世纪末和 20 世纪初法国的一个著名高级时装品牌，以奢华、精致的设计和高质量的工艺而闻名，被誉为"时尚界的奠基者"。

2　*Zoolander*，2001 年上映的美国喜剧片，故事围绕男模德里克·祖兰德在时尚界的冒险展开。

加利亚诺并非唯一涉足半地下世界的设计师。米格尔·阿德罗韦尔曾用一张从街头捡来的床垫制作外套。那张床垫原属于他的邻居、英国演员兼时尚偶像昆廷·克里斯普，而克里斯普当时刚去世。将朴素、粗粝甚至带有悲剧意味的事物与名人的阶级背景并置，正是阿德罗韦尔的标志性风格。这件外套后来被纽约大都会艺术博物馆服装学院收藏。他曾告诉策展人安德鲁·博尔顿和哈罗德·科达："无家可归的人没有床垫，朱利亚尼把他们赶出了收容所。"他指的是时任纽约市市长鲁道夫·朱利亚尼推动的清扫纽约运动，该运动禁止无家可归者在街头露宿。"我试图呈现克里斯普所生活的市中心的面貌，也想揭示无家可归者所面临的现实。"

时尚借用低俗文化的一种相对无害的方式是，主动接纳一丝低级趣味。但什么才算是"好的品味"或"坏的品味"呢？这个问题从未有过定论。哲学家对此已思索了数千年。柏拉图和亚里士多德研究了美与美感的本质，休谟和康德则试图厘清审美经验的特质与特性。18世纪的思想家，如安东尼·沙夫茨伯里和弗朗西斯·哈奇森，也加入了这一讨论，哈奇森提出品味源于人类天生的"美感"。然而，品味更具主观性的观点花了很长时间才进入主流语境。即便到了今天，社会学家仍在争论，品味究竟是内在品质，还是外部环境的产物。

社会学家齐美尔提出，品味遵循涓滴理论，即品味源于上层阶级，而中下层阶级则竞相模仿。为了维持差异，上层阶级不得不寻求新的风尚。他将这种动态比喻为永不停歇的回旋曲。"两种风格越接近，次等阶级的模仿欲望就越强烈，上层阶级寻求新风尚的冲动也越迫切。"历史上确实有很多例子可以支持这一观点。16世纪上半叶，火红等鲜艳颜色是贵族的专属。中层阶级试图模仿，甚至违反了当时的禁奢法令。詹姆斯·拉韦尔[1]在《服装和时尚简史》中写道："德意志农民起义期间，起义者的诉求之一是能够像贵族一样穿红色衣服。这是一个关于人类渴望的奇妙注解。"18世纪末，玛丽·安托瓦内特的发型被普通人争相模仿，就像我们曾模仿珍妮弗·安尼斯顿[2]的发型一样。如果说有什么变化的话，那就是今天的明星与网红已悄然取代了传统意义上的上层阶级。

当代人对涓滴理论的理解主要来自电影《穿普拉达的女王》。梅丽尔·斯特里普饰演的时尚主编发表了著名的"天蓝色演讲"。当安妮·海瑟薇饰演的助手表示看不太出两条相似的蓝色腰带之间的区别时，斯特里普斥责道：

"你以为这和你毫无关系。你走到衣柜前翻出一件，比如就是你现在穿的这件松垮蓝色毛衣。试着告诉世人，

---

1 詹姆斯·拉韦尔（James Laver，1899—1975），英国服装史学家、时尚评论家。《服装和时尚简史》（*Costume and Fashion*）是他最著名的著作之一，详细记录了从古代到20世纪的服装变迁。

2 珍妮弗·安尼斯顿（Jennifer Aniston，1969—　　），美国演员、制片人，因在电视剧《老友记》中饰演瑞秋·格林一角而成名。瑞秋的发型成为全球模仿的时尚潮流。

你的人生重要到你无法关心自己的穿着。但你不知道，这件毛衣不只是蓝色，不是蓝绿色，不是天青蓝，而是天蓝色。

"你还轻率地忽略很多事情，2002年奥斯卡·德拉伦塔推出了一系列天蓝色礼服。接下来，我记得是伊夫·圣罗兰，他展出了天蓝色军装夹克。[1] 天蓝色迅速出现在8位不同设计师的系列中，然后放入其名下的商店，最后渗入廉价服装柜台。毫无悬念地，你从某个清仓甩卖箱里拽出了这个颜色的衣服。总之，蓝色背后是数百万美元和无数人的工作。滑稽的是，你以为是你选择了这个颜色，好让自己远离时尚界。事实却是，这屋子里的人帮你从一堆'东西'里选了这件毛衣。"

"天蓝色演讲"确实说中了几点：颜色在时尚中往往以循环的方式传播，某些颜色确实能够主导一个季节的调性。时尚不只是"东西"，正好呼应了本书的基本立场。不过，这段演讲所基于的，依然是那种由少数高端设计师决定流行、大众被动接受的旧式模式。而今天的我们，早已超越了这种单向度的权力结构。电影里的时尚女魔头没有意识到，时尚也可以自下而上地流动。

索尔斯坦·凡勃伦在《有闲阶级论》中提出了"炫耀性消费"的概念，即通过购买名牌衣服等物品来展示经济

1　这是电影虚构的内容。——作者注

实力。与之相对，伊丽莎白·库里德－霍尔基特[1]在《微小的总和》(*The Sum of Small Things*) 中提出了"非炫耀性消费"。她强调，当代上层阶级更倾向于为提高生活质量而消费，而非直接进行物质炫耀。这种消费形式包括私人服务、保险、儿童看护等"看不见的奢侈"。在凡勃伦的时代，富人通过雇用大量仆人来彰显地位；而当代精英则更倾向于选择私人医生、优质学前教育资源，甚至聘请会说多种语言的保姆。

法国理论家布尔迪厄在《区分》中指出，资本并非总是伪豪宅[2]或游艇那样具体的东西，文化也是一种重要的资本形式。进入名校、定期观看交响乐表演也能赋予个体一定的文化资本，即使你没什么钱，是个穷学生，或者需要用刚发的工资购买演出票。一个很直观的例子就是《寄生虫》里的金家和朴家。朴家拥有显眼的经济资本，尤其是他们那幢现代化的大豪宅。但他们显然缺乏文化资本，因此，当金家的儿子和女儿假扮成受过良好教育的英语老师和艺术治疗师时，他们没有丝毫怀疑。朴家夫妇希望这两位"老师"能为自己的孩子带来一点文化涵养，弥补他们精神层面的缺失。

1　伊丽莎白·库里德-霍尔基特 (Elizabeth Currid-Halkett)，美国文化经济学家，其研究聚焦于文化产业、消费行为和社会阶层之间的关系，尤其是奢侈品消费、时尚、艺术、娱乐等领域。

2　McMansion，由麦当劳 (McDonald's) 和豪宅 (Mansion) 两词拼凑而成，指外观气派，实际上品质低下、审美庸俗的住宅，意在讽刺这种建筑空有豪宅的外壳，却如快餐一般低廉。

高度敏锐的时尚嗅觉，同样是一种文化资本。彰显财富不仅依赖显眼的标志或品牌名称，更体现在不张扬却具辨识度的消费方式，即所谓的"低调奢华"。奥尔森姐妹[1]创立的品牌 The Row，以极简设计和高品质著称，其服饰虽外观简约，却在剪裁、材质和细节上展现出非凡的精致感。一件看似普通的灰色高领毛衣或驼色大衣，在行家眼中，却能透露出对品质和品位的深刻理解。美剧《继承之战》中希夫·罗伊的穿搭是流行文化对低调奢华的完美诠释。剪裁精妙的高腰长裤与合身的高领毛衣，均来自阿玛尼和拉夫·劳伦等高端品牌，却无一显露醒目的品牌标志。这些衣服不会高声宣扬"奢华"，但在无声中传递了这一信息。在更小的尺度上，一件印有双眼爱心标志的川久保玲 Play 系列衬衫或帆布鞋，既相对平价又设计简洁，却足以成为文化资本的象征。它们让穿着者与川久保玲的前卫精神产生某种联结。同样，挎着《纽约客》杂志的托特包，即使包主的桌子上堆着几期尚未翻阅的杂志，也在传递一种价值认同。

将时尚嗅觉视为文化资本的观点，也解释了高端时尚为何日益重视工艺。在规模化生产成为常态的当下，手工制作因其稀缺性而在众多设计领域备受推崇。无论是埃米

---

1 玛丽－凯特·奥尔森（Mary-Kate Olsen）和阿什莉·奥尔森（Ashley Olsen），童星出身的美国明星姐妹。

莉·博德[1]一针一线缝制的复古衣物，还是深受追捧的日本品牌 Visvim 所展现出的手工美学，这类作品往往外观朴素，以其蕴含的时间、技艺与劳动获得了更高的价值感。

不过，低调奢华与田园奢华并不是表达时尚优越感的唯一方式。有时，刻意加入一点"坏品味"反而更能显现出穿着者的酷与有趣——你懂得这个玩笑，也并不在意他人的眼光。随着后现代主义的兴起，像杰夫·孔斯[2]这样的艺术家开始以调侃的态度，将低俗元素融入作品，这种方式迅速传入时尚界。在香奈儿 1995 年春季秀上，"老佛爷"卡尔·拉格斐[3]让模特穿上露脐上衣和超短裙，有些短到露出内衣。模特手里拎着香奈儿的塑料购物袋。整体造型青春洋溢、有些浮夸，却依然符合香奈儿的调性。巧妙之处在于，这些穿搭即便有些暴露，依旧保有一丝优雅的"淑女气质"。拉格斐对日常生活的热情在 2014 年秋季的"超市秀"中达到顶峰。开场时，卡拉·德莱文涅[4]身穿一套布满破洞的运动服，漫步于被布置成超市的巴黎大

1　埃米莉·博德（Emily Bode，1989—　），美国时装设计师，于 2016 年正式推出同名男装品牌。最初的系列由古董纺织品制成。

2　杰夫·孔斯（Jeff Koons，1955—　），美国当代艺术家，以将普通日常的物品转化为艺术品而著称，例如巨大的气球动物雕塑和色彩鲜艳的复刻品。

3　卡尔·拉格斐（Karl Lagerfeld，1933—2019），20 世纪和 21 世纪最具影响力的时装设计师之一。1983 年成为香奈儿的创意总监，在重新定义香奈儿的经典风格方面做出了重大贡献。

4　卡拉·德莱文涅（Cara Delevingne，1992—　），英国模特、演员，2009 年开始模特生涯，因其标志性的眉毛和独特的风格很快引起了时尚界的关注。

皇宫内。拉格斐曾将运动裤与自我放弃联系起来，称其为"失败的标志"，但在那一刻，他选择拥抱当代生活。随便套一件衣服在有机超市购物，这种日常状态已经成了一种新的时尚趋势。整场秀像一出精心安排的视觉喜剧。在五金区，香奈儿的链锯缀有品牌标志性的链条；手包则被压缩包装，像肉铺里贩售的商品，上头贴着"100% 羔羊"的标签。模特脚踩粗花呢老爹鞋，身着种种形式的奢华便服，尽显随性与趣味。

如果要选出一位热爱"低端"事物的当代设计师，那非德姆纳·格瓦萨利亚[1]莫属。这位成长于格鲁吉亚的设计师沉迷于后现代、后苏维埃美学，赞美一切"失去地位"的事物。他所创立的设计团队维特萌，在第一场秀中就大胆重新构想了日常穿着与性感魅力的结合——拖地阔腿的灰色运动裤搭配亮面高筒靴。设计师戈沙·鲁布钦斯基[2]在 2016 年春季秀掀起话题。开场模特身穿一件印有快递公司标志的 T 恤，售价高达 300 美元，这种做法令人思考品牌与身份的关系。格瓦萨利亚在接受时尚杂志《Vestoj》采访时，表达了他对这种模糊性的赞赏："当我穿上一件写有超市名称的卫衣时，我到底在传达什么？是在说在超

1　德姆纳·格瓦萨利亚（Demna Gvasalia, 1981— ），格鲁吉亚时装设计师，以颠覆性和后现代风格著称。2014 年与兄弟兼合作伙伴创立了维特萌（Vetements），这是一个以重构和挑战传统时尚为宗旨的品牌。维特萌在法语中是"衣服"的意思。

2　戈沙·鲁布钦斯基（Gosha Rubchinskiy, 1984— ），俄罗斯时装设计师，以简约、实用和具有社会文化背景的元素为特点。

市工作很酷，还是希望人们去思考为什么我穿着印有超市标识的衣服，而不是巴黎世家的标志……大家知道我不在超市工作，至少认识我的人都知道。但如果在街头，陌生人看到我，会真的以为我在那里上班，我还挺喜欢这种感觉的。"

2015年格瓦萨利亚成为巴黎世家的创意总监，继续发挥他将高端与日常融合的才华。他致敬品牌创始人克里斯托巴尔·巴伦西亚加的经典建筑感廓形，模仿伯尼·桑德斯[1]的竞选标志，设计印有"巴黎世家"字样的T恤；推出名为"三倍"（Triple S）的老爹鞋；让厚底洞洞鞋重新占据潮流前沿。在他的魔法下，曾被视为"时尚灾难"的洞洞鞋成了酷的新象征。2018年他更进一步，将俗气尴尬的机场纪念品转化为时尚单品，设计出印有纽约、伦敦、东京、香港地标的斜挎包。

高与低之间的界限本就模糊，彼此借鉴也在双向进行。研究表明，对于处于升职阶段的奋斗者而言，炫耀性消费的重要性远超那些已稳固处于上层社会的人群。霍尔基特指出，中产阶级在炫耀性消费上的支出占比，已超过上层社会。对于她所说的"有志阶层"而言，即使只是买一颗祖传番茄[2]或一只上档次的托特包，也足以展现不输

1　伯尼·桑德斯（Bernie Sanders, 1941—　），美国国会史上任期最长的无党派议员。

2　heirloom tomato，又称原种番茄，指通过开放式授粉而非人工育种培育而成的非杂交番茄品种，价格偏贵。其特点是丰富的色彩，有橙色、黄色、紫色、绿色等。

或超越同侪的决心。

而种族也影响着消费方式。她引用芝加哥大学与沃顿商学院的研究指出，黑人和拉丁裔在炫耀性消费上的支出高于同等收入、同等教育水平的白人。她总结道："对常常遭遇偏见的少数群体而言，炫耀性消费成为他们在被预先判断前有效展示自己社会和经济地位的一种手段。"传奇设计师丹尼尔·戴[1]便是这种策略的典型体现。20世纪80年代，他在曼哈顿哈勒姆区[2]经营一家商店，售卖自己设计的服饰。这些服饰"借鉴"了许多设计师品牌的标志，就像早期嘻哈歌手从唱片中采样一样。他的顾客多为黑人"有志阶层"，包括迈克·泰森和埃里克B&拉基姆[3]。戴更愿意将自己的设计称为"改良品"，而非"平替"。这些服饰为他的顾客提供了重要的情感支持。戴在接受《GQ》采访时表示，在那个奢侈品牌不愿为黑人名人提供服饰的时期（有时也会不情不愿地提供），他的作品对他所服务的人群具有"变革性"的意义。"我给了他们一个机会，让他们能看到自己处于更高层次的样子。"

奥地利精神分析学家阿尔弗雷德·阿德勒曾提出一

1　丹尼尔·戴（Dapper Dan, 1944—　），美国时装设计师。通过时尚为黑人社区和少数群体赋权，帮助他们以独特而大胆的方式展示自己的社会和经济地位。尽管他的设计一度受到奢侈品牌的打压，但他的创新精神和影响力得到了广泛认可。

2　20世纪美国黑人文化和商业中心。

3　20世纪80年代末和90年代初非常具有影响力的嘻哈二人组，嘻哈音乐的先驱之一。

种名为"假设如此"[1]的方法，鼓励患者通过扮演理想自我逐渐建立更积极的心态。对"有志阶层"而言，时尚正是这种"假设如此"的实践，能够让他们扮演"尊贵"的奢侈品消费者。然而，高端时尚有时像《风月俏佳人》中的势利销售员，将冒充者拒之门外。2002年常出演肥皂剧的英国演员丹妮拉·韦斯特布鲁克被拍到穿着整套巴宝莉出现在街头，连婴儿车都铺满巴宝莉的格纹图案。她遭到时尚界的无情嘲笑，被视为用力过猛的典型例子。《卫报》甚至称她是"新贵难脱俗气的典型"。爱芙趣曾在新闻稿中表示，愿意支付一笔可观费用（据报道为1万美元），以阻止明星迈克·索伦蒂诺在真人秀《泽西海岸》[2]中穿他们的衣服。作家兼时尚评论人西蒙·杜南在《纽约观察家报》专栏中披露，高端品牌一度会特意将竞争对手的包袋送给真人秀明星，以这种方式拉低对方的品牌形象。

对于渴望展现强势姿态的人，"假设如此"或许是一种有效策略；但当人们试图通过时尚提升内在感受时，这种方法并非总能奏效。一项由哈佛大学、北卡罗来纳大学与杜克大学联合开展的研究发现，相比戴着正品墨镜的受试者，佩戴冒牌墨镜的受试者更可能在测试中作弊，并且

---

1 acting as if，鼓励病人假想自己已成为想要成为的人，并模仿其行为和形象，以平息病人对于改变的恐惧，克服心态上的阻力。

2 迈克·索伦蒂诺（Mike Sorrentino，1982— ），美国真人秀明星。《泽西海岸》（*Jersey Shore*）每季安排8名男女在夏季前往新泽西海岸打工、玩耍、开派对，并观察他们的相处和玩乐。嘉宾多为意大利裔，一度因污名化意大利移民引起争议。2010年首播，索伦蒂诺在节目中的表现迅速获得了大量关注。

更倾向于将他人的行为评判为不道德。研究作者指出："冒牌产品可能会让拥有者觉得自身也不够真实，尽管他们相信这款产品会带来积极影响……这种'不真实'感会促使他们做出不诚实的行为，并对他人的不诚实更加敏感。简而言之，当人们感觉自己像是欺诈者时，更有可能做出欺诈行为。"

尽管如此，模仿高端时尚始终具有吸引力。过去，美国百货公司派员工前往巴黎观看高定时装，只为把那些设计抄回美国，转化为适合普通消费者的商品。如今，快时尚品牌延续了这项传统，衣服刚在秀场亮相，仿品便已挂上货架。模仿周期被大大压缩，快得让消费者难以跟上节奏。20 世纪 80 年代，侯斯顿与杰西潘尼[1]的合作以损害前者的高端业务告终。但放在今天，这类合作几乎成了常规操作。范思哲、罗达特与 H&M、塔吉特百货的联名接连登场。大众精品[2]如今风靡，"时尚民主化"听起来也确实顺耳。毕竟，天才设计师的作品不再只属于少数人，普通顾客也能以实惠的价格买到梦中情衣，何乐而不为？

大众精品的热潮让我联想到乐评中常提及的"流行乐乐观主义"。过去，只有那些非商业化的音乐才值得乐评

1　侯斯顿（Halston），由美国传奇设计师罗伊·侯斯顿·弗罗威克创立的奢侈品牌，因侯斯顿本人在 1990 年去世而淡出公众视野，后于 2008 年重返时装舞台，由新任设计师马尔科·赞尼尼秉承侯斯顿简约的风格，品牌生命力得以延续。杰西潘尼（JCPenney），创立于 1902 年的美国大型服装商场，迄今在全美开设了超过 1200 家门店。

2　masstige，大众（mass）与精品（prestige）的混成词。

人动笔；而如今，音乐榜单前四十名的热门单曲都能获得乐评人的青睐。这种转变令人欣喜，但有时这种趋势容易滑向另一个极端，变成对一切流行事物的盲目追捧。更多的时尚产品，即便价格亲民、普及度高，也不总是"时尚民主化"的绝对胜利。

随着越来越多知名设计师与快时尚品牌展开合作，普通人能负担得起的服饰比以往任何时候都要丰富，同时也带来了追逐每个时尚周期的压力。对"有志阶层"而言，高低混搭从个人穿搭建议，逐渐成为一种规范。我这一代女性在经济衰退期进入职场，被建议通过将快时尚单品（通常是秀场仿品）与所谓值得投资的单品混搭，打造得体专业的形象（哪怕那时任何形式的投资都显得风险重重）。这类建议极少提供给男性。女性被要求跟上潮流，还需应对职场着装"端庄"标准的不断变化。既不能过于前卫，也不能过于保守；既要显得成熟专业，又不能失去时尚感。

快时尚曾是那种让你看起来像"上层"的生活小妙招，至少在当时，我确实是这么认为的。我的第一份工作是在一家时尚杂志，同事常穿阿玛尼和普拉达出现在办公室。我靠着快时尚单品和二手店淘来的真品，成功伪装成他们中的一员。尽管我当时仍与父母同住，学生贷款未还清，勉强维持收支平衡。

幸运的是，我并没有伪装太久。快时尚逐渐被主流接受，识别连锁店里的超值好物成了一种值得炫耀的本领，就像在古着店里淘到宝一样，这意味着用啤酒的预算满足香槟的品位。那些我曾羞于承认光顾过的连锁店，也开始带上了一点"酷"的光环。

我们这些"千禧世代蒲公英族"[1]或许并未真正意识到，甚至有意忽略了这样一个事实：快时尚体系的运转依赖于比我们更为弱势的群体。他们的工作条件和周边环境因持续生产潮流服饰而受到负面影响，而这些服饰正是为了迎合像我这样努力挤进中产阶级的人的需求。（据非营利组织 Remake 的数据显示，快时尚行业的劳动力中，80% 为十八至三十四岁的年轻女性，她们的收入微薄。）

转售网站和租赁服务比以往更受欢迎，让囊中羞涩的人有了更符合政治正确的方式来跟上不断变化的职场着装要求和 Instagram 上的日常穿搭潮流。与其购买廉价新品，消费者可以选择以折扣价购入品牌服饰，或者租来短期穿着。但时尚中的冒充者综合征并未就此消失，这些替代方案无法根除人们对"更多"的需求。这种欲望正威胁劳工健康与地球可持续性。那么，热爱时尚却面临道德困境的"千禧世代"，在收入有限的情况下，到底该怎么做呢？

高低文化间的拉扯与以低价享受高端生活的渴望，催生了一种超越时尚、又深刻影响时尚的现象。2017 年作

---

1 precariat，或译作不稳定性无产者，不稳定（precarious）与无产阶级（proletariat）的混成词。在社会学和经济学中，指由饱受不稳定之苦的人组成的阶层。

家文卡特什·拉奥在一家快餐店用餐时，脑中突然蹦出一个形容店里氛围的词："高级平庸"。他如此定义："高级平庸是连锁意大利餐厅里最好的那瓶葡萄酒，是纸杯蛋糕和冻酸奶，是给任何东西都淋上点'松露油'（在制作'松露油'的过程中，没有真正的松露受到伤害），是经济舱中带额外伸腿空间的座位。"高级平庸的事物虽相对易得，但有一层排他性的光泽，类似于一顶印有设计师标志的棒球帽或一件价格亲民的"奢华"羊绒衫。拉奥将它们称为"披着凡勃伦式精品外衣的劣等品"，一旦消费者收入增加，就会抛弃它们。所谓"凡勃伦式精品"，得名于经济学家托斯坦·凡勃伦，指的是价格越高，反而越受追捧的商品（如奢侈腕表）。高级平庸的商品总能在 Instagram 上博得喝彩，赋予拥有者一种轻盈却可见的精英感。

"Instagram 与现实"系列通过并置失真的完美图像与那些不上镜的日常瞬间，揭示了高级平庸生活方式背后的权衡取舍。拎着路易威登短途旅行手袋，搭乘廉价航空。这正是"千禧世代"生活的真实写照：用精致包装疲惫生活，一边凹造型，一边算小账。

正如作家阿曼达·马尔在《大西洋月刊》上所概括的，高级平庸本质上源于"千禧世代"的不稳定与不安全感，它像一场变形版的蛇梯棋游戏[1]，提供了一条通往更高社

---

[1] 一种源自古印度的经典棋类游戏，棋盘绘有多条长短不一的蛇和梯子。在游戏过程中，梯子可以帮助玩家快速前进，而蛇则会使玩家后退。

会阶层的路径。拉奥写道："在新经济时代，抽中中产阶级人生彩票的概率越来越低，高级平庸是年轻人面对这一现实时的适应性策略，是他们在经济文化上的一次体面抵抗。他们来自旧中产阶级，但无法让自己留在那里，只能试图以体面的姿态完成软着陆。"

马尔指出，在零工经济盛行、工作保障缺失，以及全球金融危机带来的不确定性下，"千禧世代"所能做的只是"尽可能长时间地扮演成功，同时祈祷真正的成功终将到来"。高级平庸的事物是"这场表演的道具，你之所以购买它们，是因为它们把自己伪装得比实际上更特别"。这句话形容的或许正是我们自己。

2

表象：
时尚与广阔世界

穿经典蓝套装的打工人

她是谁？

我为何不能成为你？

审判安娜

穿经典蓝套装的打工人

　　时尚行业对颜色准确性的痴迷从一则广为流传的轶事可见一斑：某位设计师递给助理一张浅卡其色的潘通色卡，以此精确说明他想要的咖啡烘焙程度。这种行为甚至算不上离谱，毕竟在这个领域对颜色走火入魔者比比皆是。时尚摄影里，色彩校正常常精细到毫厘。模特与名人的照片印出后，会在如审讯室般明亮的灯光下，接受长达数小时的细致分析，只为最终在图像上添上一抹紫罗兰色的阴影。

　　潮流是一门建立在奇想、情绪和主观性上的生意。在颜色的运用上，这种特质体现得淋漓尽致。流行色转瞬即逝，既能定义某一特定时刻，也可能迅速变得过时。颜色可以代表不同的世界观，环保主义的翠绿与地球蓝、朋克的炫目霓虹、当代极简主义的柔灰与燕麦色。颜色往往与某个设计师品牌或风格偶像紧密相连，也能承担政治寓意（美国的红州与蓝州）、唤起情绪（忧郁蓝、愤怒红、嫉妒绿、透过玫瑰色眼镜看世界）、表达抽象性质（桃色新闻、黄色影片）。特定颜色还可以用来表达对运动队、学校或帮派的忠诚，进而划分出内与外（红字[1]、黄星[2]）。

颜色风潮如郁金香狂热[3]般迅猛而短暂，渗透至整个设计领域。从时装、室内到平面设计，众多理念都可以借由特定颜色加以传达。面对消费者的初创公司常在广告中避用鲜艳饱和的颜色，因为这类色调不够酷。卡西亚·圣克莱尔在《色彩的秘密生活》中举例说明藕荷色如何受到法国欧仁妮皇后和英国维多利亚女王的推崇，这两位是19世纪最接近网红的人物。藕荷色在维多利亚时代的伦敦风靡一时，1859年幽默杂志《笨拙》称整座城市"被藕荷色麻疹统治"。但很快，它便过气了。

特定颜色常与特定年代绑定——20世纪70年代的牛油果绿、80年代的玫粉色、90年代的绿松石色——然后作为复古宣言强势回归。"千禧世代"设计中重新流行的牛油果绿，或许是在向70年代的嬉皮士与原生态价值观致敬，也可能只是因为我们真的太爱牛油果吐司了。俄国革命前夕，卡尔·法贝热[4]制作的华美镀金复活节彩蛋一

---

1 在纳撒尼尔·霍桑的小说《红字》里，通奸者须在胸前佩戴象征罪行的红色"A"。

2 又称犹太星，是犹太人在特殊历史时期被要求佩戴的徽章，作为统治者用来区分犹太人和其他族群的标志。

3 1637年发生在荷兰的泡沫经济事件，当时由奥斯曼土耳其引进的郁金香种被热烈追捧，抢购制造成郁金香价格飙升。泡沫碎裂后，价格迅速跌至最高点的百分之一。据信这是世界上最早的泡沫经济事件。

4 卡尔·法贝热（Carl Fabergé，1846—1920），俄罗斯珠宝首饰匠人、工艺设计师。1885年沙皇亚历山大三世委托他设计1颗复活节彩蛋，此后其工作坊晋升为皇室御用珠宝商，1885年至1917年共制作了69颗复活节彩蛋。

度带火了玫瑰金色。而到了 2015 年，iPhone 6S 的发布又令玫瑰金重新走红，似乎预示着一种温柔而女性化的奢侈美学的崛起。相比之下，金色手机显得俗气，像是千禧年的遗物。而玫瑰金手机既时尚，又是一种低调的地位象征。它的回归似乎契合了 2016 年前夕相对平稳、乐观的社会氛围。有趣的是，它甚至赢得了男性的青睐。他们亲切地称其为"兄弟金"，像收藏棒球卡那样疯抢那一抹梦幻金属色。

我们竟然发现了如此多且变化无穷的颜色。色谱宛如乐谱，以有限的音符编织出无限的旋律。这是时尚中最接近语言的存在。圣克莱尔认为，颜色"应被理解为主观的文化创造。你无法为所有已知的色调找到精确的、普世的定义，就像你无法为梦境绘制坐标"。

尽管卡尔·荣格等学者早已意识到颜色在感知中的重要性，色彩心理学仍是一个较新的研究领域。该领域的先驱之一安杰拉·赖特在播客《这很好》中说道："多年来，身为一名色彩心理学家，意味着在人们眼中你是站在疯癫边缘的人。"赖特在英格兰湖区长大，在她家经营的酒店里，她观察到色彩对顾客行为偏好的影响。人们往往更喜欢某个颜色的房间，而对另一个几乎相同、只是色调不同的房间兴趣不大。她逐渐发现，卧室中黄色使用过多会使客人变得暴躁。黄色过度激活情绪，难以让人好好休息。后来，她创建了影响深远的色彩影响系统，系统性地记录色彩与情感之间的微妙联系。

比起品牌标志，颜色对我们的影响更为微妙。它不靠划定族群或彰显身份来发挥作用，而是以一种更感性的方式击中人心。你会记住暗恋对象最喜欢的颜色，仿佛那是一把通往内心世界的钥匙——"他喜欢蓝色！"

即使是不那么鲜明的色调，如灰色，也能成为性格的代名词。20世纪50年代，斯隆·威尔逊的小说《穿灰色法兰绒套装的男人》[1]用灰色定义了战后循规蹈矩的商务职员形象。灰色是一种中性的颜色，是色彩中的瑞士，远不似黑或白那样决绝。威尔逊笔下的职员看似与当今的硅谷精英毫无相似之处，但他们在色彩选择上惊人地相似。2016年马克·扎克伯格在脸书发帖："休完陪产假第一天回公司，该穿什么？——难以抉择。"配图是一整柜子的灰色 T 恤，以此自嘲一成不变的穿衣风格。他的灰 T 恤映射出科技行业的一个执念：减少决策疲劳，通过生活黑客技巧减少日常琐事带来的消耗。你都能写代码了，何必为穿 V 领还是圆领而劳神？这也揭示了科技行业对时尚的轻蔑态度，以及男性不在乎时尚的天生特权。不过，据说扎克伯格的 T 恤其实是意大利高端设计师布鲁内洛·库

---

1 *The Man in the Gray Flannel Suit*，讲述了汤姆和贝琪这对年轻夫妇的故事。他们拥有看似完美的家庭，但并不快乐。汤姆是一家大公司的职员，面临激烈的竞争，不由自主地想起自己在"二战"中的经历。出版后迅速成为畅销书，并被改编成电影。

奇内利[1]特别定制的，每件售价高达 300 至 400 美元。他或许并不像表现出来的那样对时尚毫不在意。

但大多数人并不想拥有一柜子灰 T 恤，我们渴望被色彩吸引、唤起、定义。当设计师找到了那个恰到好处的颜色，它往往能成为奢华的代名词，想想爱马仕橙、蒂芙尼蓝。拆开那只亮橙色的盒子，或者提起那个淡蓝色的袋子时，你不只是拥有了一件商品，而是获得了一种被特别对待的感觉。奢侈品的包装在二手市场行情火爆，空袋子、空盒子照样能卖出好价钱，并非没有理由。品牌的真正胜利或许在于，包装已变得与内容物同等重要。

颜色与奢华的联系，最初是通过它与皇室的关系确立的。荷兰橙色是荷兰威廉一世的官方色。亨利八世，在任何领域都说一不二，下令将昂贵的红色染料保留给贵族使用。在 13 世纪的西班牙，红色同样被严格限制，仅限君主穿着。几乎每种文明都有某种形式的基于服装的禁奢法令，很多都围绕颜色展开，且优先考虑较为鲜艳的色彩。但这只会让某些颜色变得更令人向往，并激起人们的地位焦虑。蒙田曾敏锐地指出，皇家印记让普通物品对普通人更具吸引力。"法令规定只有王公贵族才能吃比目鱼，穿天鹅绒和金丝锦缎。此举无非让这些东西更受追捧，使每

---

1 布鲁内洛·库奇内利（Brunello Cucinelli，1953— ），意大利时装设计师，其革新性的山羊绒染色技术彻底改变了传统市场以米色和灰色为主要色调的局面，被誉为"山羊绒之王"。同名品牌以优雅精致而闻名，常被描述为"服装界真正的奢侈品"。

个人更渴望如此吃穿罢了。"

紫色大概是与皇室关联最深的颜色。凯撒大帝曾身披骨螺紫[1]托加长袍,宣布这种类似梅子色的紫色专属于他。罗马共和国晚期,模仿帝王的配色可能被处以死刑。在古代日本,深紫色被视为禁色,只有皇室成员和僧侣才能穿着。

染料早已不再稀贵,彩色不再是超级富豪的专属。颜色的地位悄然发生了逆转。快时尚门店充斥着亮眼的霓虹色,而 The Row、Jil Sander 等高端极简主义品牌则刻意避开这类喧哗,偏爱更温柔、中性的色调。极简主义者骄傲地将衣柜简化到扎克伯格式的单色。色彩的缺席,反而成了一种新式的身份象征。对颜色产生情绪反应,在成功人士眼中仿佛是一种不够理性、不利于提高生产力的弱点。不如干脆把这个变量从生活中剔除。

诚然,设计师对色彩的迷恋由来已久。超现实主义设计先驱埃尔莎·夏帕瑞丽[2]于 1937 年推出了触电粉(Shocking Pink)。在那个端庄的淡粉色占据主导地位的年代,这抹炙热的颜色宛如一道闪电,震惊了世人。这种张扬的色调坦率而锋利,展现出一种将女性气质武器化的锋芒。它代表一种全新的女性形象,解放且毫不掩饰的性感,

---

1　染料提取自骨螺科贝类,固色效果好,在古代十分珍贵。

2　埃尔莎·夏帕瑞丽(Elsa Schiaparelli, 1890—1973),法国时装设计师,以针织服装起家,凭借独特的设计和对色彩的大胆运用迅速赢得了声誉,是首位登上《时代》封面的女设计师。她的设计,如龙虾裙、泪滴裙和骨骼裙,至今仍被视为时尚界的标志性创作。

正是夏帕瑞丽的设计所服务的女性群体。正如传奇时尚编辑贝蒂娜·巴拉德所写："夏帕瑞丽将时尚的轮廓从柔和变为硬朗，从模糊变明晰。"

"触电"的概念延续到了夏帕瑞丽推出的香水与出版的自传中[1]，成为她与其时装品牌永久的标志。关于触电粉名称的由来，流传着两个略显矛盾的版本。根据梅里尔·西克雷斯特所著的夏帕瑞丽传记，法国珠宝首饰设计师罗歇·让-皮埃尔曾向她展示几颗粉色纽扣，她选中了最亮的一颗，并说："我们就叫它'触电粉'吧。"圣克莱尔则提供了另一种说法。黛西·费洛斯[2]曾被形容为"身穿梅因布彻套装的燃烧瓶"，她在一次与夏帕瑞丽的会面中佩戴了一枚亮粉色卡地亚钻石，令在场众人惊叹。夏帕瑞丽因此获得灵感，为这种颜色打上自己的印记。无论起源如何，触电粉无可争议地改变了夏帕瑞丽的职业生涯。她称这种颜色"充满生命力，像世间所有的光、鸟、鱼的集合，是中国和秘鲁的颜色，不属于西方"。她还与萨尔瓦多·达利[3]合作，将触电粉融入超现实主义设计，比如那顶鞋子形状的帽子，鞋跟便使用了触电粉。

1　夏帕瑞丽在 1928 年推出的第一款香水 S（取自 Shocking 的首字母），瓶身设计模仿了美国性感偶像梅·韦斯特慵懒的流线型体态。在 1954 年出版自传《令人震惊的生活》（*Shocking Life*）。

2　黛西·费洛斯（Daisy Fellowes，1890—1962），不仅以其个人魅力和时尚感而著称，还因在时尚界的工作而备受尊敬，是夏帕瑞丽的重要赞助人。

3　萨尔瓦多·达利（Salvador Dalí，1904—1989），西班牙超现实主义画家，代表作有《记忆的永恒》等。他通过参与设计服装、珠宝，以及为时尚杂志创作插图和封面，将超现实主义的边界扩展到了时尚界。

像所有潮流一样，触电粉很快脱离了其创造者的掌控。《女装日报》曾激动地写道："无论走到哪里，都能看到这种大胆甚至刺眼的牵牛花似的粉色，有时它覆盖整顶帽子，有时则点缀帽缘。这一切都始于夏帕瑞丽。"这抹粉色成为性感女神的华丽装饰。玛丽莲·梦露在电影《绅士爱美人》中，身穿触电粉礼服，出现在一群西装革履的男士之间。此造型后来被安娜·妮科尔·史密斯[1]在善待动物组织（PETA）的公益广告中再度演绎。好莱坞芭比安杰琳[2]更是对这种颜色痴迷至极，甚至特制了一辆与其口红色号匹配的粉色科尔维特跑车。直到今天，触电粉依然魅力不减。彩妆品牌 NARS 曾推出一款名为"夏帕"的口红，灵感来自创始人弗朗索瓦·纳尔斯的一位朋友在跳蚤市场淘到的一只亮粉色夏帕瑞丽粉盒。在夏帕瑞丽的时装秀上，触电粉依然占据显著位置。

另一位永远与某种颜色联系在一起的时尚界传奇人物是时尚编辑黛安娜·弗里兰，她曾宣称："我想要公寓看起来像一座花园——地狱里的花园！"她确实做到了。她位于公园大道的家由比利·鲍德温[3]操刀设计，客厅内部色彩浓烈，地上铺着猩红色的地毯，墙上是罂粟花图案

---

1 安娜·妮科尔·史密斯（Anna Nicole Smith，1967—2007），美国演员、模特，职业生涯起步于为《花花公子》杂志拍摄照片，并在 1993 年被评为年度女郎。

2 安杰琳（Angelyne，1950—　），美国歌手、模特，80 年代因在洛杉矶的广告牌上亮相而成名。她的广告牌形象频繁出现在影视剧中，包括《月光男孩》《辛普森一家》。

3 比利·鲍德温（Billy Baldwin，1903—1983），美国室内设计师，以简洁、实用和优雅的风格著称，对色彩的运用尤为出色。

的壁纸，红色蔓延至书架、攀附到椅背，她钟爱的红牡丹开满各处，甚至连房门都漆成了红色。

弗里兰对颜色有着本能的热情，她那句名言广为流传："粉色就是印度的海军蓝。"[1] 从家装到私服，她从不吝惜使用色彩，腮红一直刷到耳边，鲜艳的红唇，血红色的指甲。"有些人反对这些，但有些人就是什么都反对。"她写道，"红色是上好的清洁剂，明亮、涤荡、发人深省。它让一切颜色变得更美。我无法想象自己会厌倦红色，就像我无法想象会厌倦心爱之人一样。"她一生都在寻找"完美的红色"，但始终没有人调出她心中的那个颜色。"我对他们说，'我要洛可可风中带点哥特风，再加一点佛教寺庙的感觉'，他们完全不知道我在说什么。"于是，她干脆给出直观参照："在任何一幅文艺复兴时期的肖像画中，找到儿童戴的帽子，然后复制那个颜色。"

意大利传奇设计师华伦天奴·加拉瓦尼也与红色颇有渊源。谈及对红的偏爱，他曾说："红色是毫不羞涩的颜色。"小时候，歌剧《卡门》给观众席的他留下了深刻的印象，"整个布景都是红色的，包括鲜花和服装，我对自己说，我要把这种颜色留在生命里"。1962 年他在佛罗伦萨的碧提宫举办了第一场时装秀，一举成名，也让他的红色礼服首次惊艳国际舞台。2008 年他的最后一场时装秀[2]

1　这句话指的是粉色在印度极受欢迎，普及程度相当于美国的海军蓝。

2　这场秀是加拉瓦尼的谢幕秀之一，并非真正的最后一场时装秀。——作者注进行到一半时，T台灯光突然变为红色，一群模特身着红色礼服款款走出，并在设计师谢幕时依旧留在T台上。那是他与红色深情告别的礼赞。华伦天奴红之所以如此有冲击力，秘诀在于那一点点橙的调和。

红色是被官方认证的奢华之色。在亚森特·里戈[1]笔下的路易十四肖像中，这位君主披着奢华的白鼬皮斗篷，穿着丝质长袜，脚踩红底高跟鞋。英国历史学家菲利普·曼塞尔在《为统治而穿：从路易十四到伊丽莎白二世的宫廷与王室服饰》（*Dressed to Rule: Royal and Court Costume from Louis XIV to Elizabeth II*）一书中解释道，红底鞋"仅限贵族，必须有可验证的家族血统作为凭据"，只有出身足够高贵的人才不必担心弄脏鞋底。现代的红底鞋版本来自克里斯琴·卢布坦[2]。他的设计依然奢华，只不过如今无需贵族血统或家族纹章也能拥有。当年，他看到助理正在涂指甲油，便灵机一动，抓起那瓶亮红色指甲油涂在鞋底，从而打造出属于当代的、低调却难以忽视的奢华标记。

爱马仕标志性的橙色也是一次意外的产物。正如品牌官网所述："'二战'期间奶油色纸箱短缺，供应商只好使用其他材料，恰好是橙色。"多年来，爱马仕橙略有变

1　亚森特·里戈（Hyacinthe Rigaud，1659—1743），法国肖像画家，29岁开始接受王室订画，不久饮誉法国上流社会。

2　克里斯琴·卢布坦（Christian Louboutin，1963—　），法国高跟鞋设计师，以标志性的红底高跟鞋闻名，1992年推出同名品牌。

化，资深收藏家甚至能"通过颜色的深浅、纸盒的纹理、标志样式和边缘的色带"辨别出盒子的年代。

蒂芙尼蓝的诞生则带有更强的意图性。1845 年品牌创始人查尔斯·刘易斯·蒂芙尼选用这种独特的蓝色，作为其珠宝宣传册的封面。品牌官网指出："这一选择可能是因为绿松石在 19 世纪的珠宝界广受欢迎。"到了 19 世纪 80 年代，这种蓝色开始被用于蒂芙尼的购物袋、广告，尤其是令人难以忽视的包装盒上。位于纽约的蒂芙尼门店甚至设有一间"蓝盒子"咖啡馆，从墙壁到座位都装饰为蒂芙尼蓝。

在瞬息万变的潮流面前，一些时尚业内人士仍坚持安全、不出错的单色着装。例如，那些被称作"时尚修女"的编辑，一袭黑衣，如同行走的忏悔者，已然成为一种原型，与那些全身堆满当季热门单品的"时尚受害者"遥相呼应。

除了伊夫·克莱因[1]，与亮蓝色最为紧密相连的是已故的街拍摄影师比尔·坎宁安[2]。他将最初由 19 世纪法国劳工穿着的亮蓝色工作夹克，穿成了自己的制服。据报道，他以每件 20 美元的价格从五金店购入这些夹克，多口袋设计方便他携带多卷胶卷，瞬间吸引了他的注意。这

1　伊夫·克莱因（Yves Klein，1928—1962），法国艺术家，新现实主义运动的领军人物之一。他在 1960 年注册了国际克莱因蓝的专利。

2　比尔·坎宁安（Bill Cunningham，1929—2016），以其在《纽约时报》的街头时尚摄影而闻名，被誉为"街拍鼻祖"。他总是穿着蓝色工装夹克、白衬衫与米黄色裤子，骑着自行车穿梭于纽约街头，唯一的配饰是他的相机。

种蓝色工装让人联想到"蓝领"一词，隐含着"我来这儿是为了工作"的姿态，使他区别于那些在街头徘徊、争抢镜头的街头孔雀。这种风格同样反映了坎宁安一贯的自我认知。他始终坚称自己并非时尚圈的一员，而是时尚的记录者。他甚至拒绝主办方递上的一杯水。这抹蓝使他在人群中格外显眼，同时也成就了他冷静、客观的观察者形象。这种实用主义风格随后将高端工装夹克引入时尚语汇。如今，街头风格偶像将其穿在身上作为时尚宣言。维特萌在2016年春季秀推出一款超大版型的蓝色工装夹克。而当年，坎宁安逝世，纽约时装周的红毯摄影师穿上同样的亮蓝色夹克，向这位街头纪实大师致敬。

蓝色是共识之色。研究发现，它是全世界最多人喜爱的颜色，或许因为它能唤起最广泛的联想。它拥有如海洋般的广阔意象，从古板而庄严的官僚机构（欧盟旗帜上的蓝色），到进步的女性群体（"蓝袜"[1]），再到艺术中的哀伤（蓝调、毕加索的蓝色时期[2]），以及露骨内容[3]。蓝色象征民主（联合国的标志），也代表精英主义（"蓝血"[4]

---

1 bluestocking，来自18世纪活跃于英格兰的非正式组织蓝袜社。该社团由女性组成，主要活动是探讨文学、艺术和教育。后来引出"蓝袜"一词，指代受过良好教育的女性。

2 指的是毕加索在1900—1904年间的创作状态，当时他受到挚友卡洛斯·卡萨吉玛斯自杀的打击，作品以蓝色和蓝绿色为主，表现出忧郁的氛围。

3 指的是blue comedy，意为带有色情意味的喜剧桥段，即荤段子。

4 常用来指代欧洲贵族和出身名门的人，其概念源自西班牙王室。古老的西班牙人认为贵族身上流淌着蓝色的血液。

贵族）。美国作家威廉·加斯用整本专著《蓝·色》阐述这一色调的无尽含义，称其为"心灵借由肢体展现出的颜色，是身体被抚摸时意识幻化出的颜色，是辞藻的阴暗内核"。

即便是黑色，这种可以说不能算作颜色的颜色，也能激起某些情感共鸣。黑色长久以来象征着哀悼，如今则传达出一种成熟的厌世姿态，仿佛在刻意回避时尚的喧嚣。可可·香奈儿将黑色从哀思的局限中解放出来，将其带入日常生活。她那条设计精妙的小黑裙，成为无数人的灵感来源，被视为适合各种场合、永不过时的经典之作。黑色基础款也许谈不上先锋，却永远是安全之选。

黑色或许是迄今为止最复杂的颜色。它既日常，也可触及极端，唤起死亡与虚无的联想。在前卫设计师的手中，它展现出挑战性和末日感。20世纪80年代初，日本天才设计师山本耀司和川久保玲在巴黎时装周震撼亮相。他们解构式的破旧黑色设计招致带有种族歧视色彩的批评，被评为"广岛的复仇"[1]。川久保玲的模特甚至被嘲为"核废墟丑女人"。在那个讲究装饰与炫耀的年代，他们的作品如铅球坠地，激起强烈误解与争议。作家朱迪丝·瑟曼[2]将川久保玲1982年的"毁灭"系列——那些布满破洞

1　《卫报》确有提及"广岛的时髦"，但《纽约客》和《Racked》更偏好"广岛的复仇"。——作者注

2　朱迪丝·瑟曼（Judith Thurman，1946—　），美国作家，凭借传记《伊萨克·迪内森：一个讲故事的人的一生》获得1983年美国国家图书奖。

的超大尺寸衣服——比作斯特拉文斯基的《春之祭》[1]，认为两者在引发争议的程度上不相上下。

山本耀司和川久保玲曾有过一段浪漫关系，两人都偏爱黑色。川久保玲的粉丝被称为"乌鸦"。山本耀司曾写过一篇关于黑色的颂歌，称这种颜色"既谦逊又傲慢，慵懒随意，却又不失神秘。黑色让许多事物融为一体，表现在不同织物上却千变万化。黑色能吸收光线，也能让事物显得锋利。你需要黑色来勾勒轮廓。最重要的是，黑色传达出这样的信息，'我不打扰你，你也别打扰我'。"

时间来到 2000 年，哈佛大学设计研究生院授予川久保玲卓越设计奖，称她"发明了黑色"——并非字面意义上的，但正如朱迪丝·瑟曼所写，川久保玲确实推动了"黑色作为拒绝之色的复兴"。她常用自己喜欢的其他颜色来衬托黑色，比如白色和红色，最明显的例子包括 2005 年"破碎新娘"、2012 年"白色戏剧"、2015 年"血与玫瑰"和"分离仪式"。（在业内，川久保玲系列的名字最美，没有之一。）

在大都会艺术博物馆服装学院举办的 CDG[2] 回顾展上，我代表《纽约》杂志采访策展人安德鲁·博尔顿。他认为，

1　作曲家斯特拉文斯基创作的芭蕾舞剧，1913 年在巴黎香榭丽舍剧院首演时因前卫的音乐和编舞引起大骚动。后来在香奈儿的资助下，《春之祭》在巴黎重演，并由香奈儿担任服装设计。

2　Comme des Garçons，川久保玲创立的品牌，名牌名是法语，意思是"像男孩一样"。

尽管川久保玲远离传统主义，但她对仪式相当痴迷。"有时你无法确定，那究竟是出生庆典、婚礼，还是葬礼。她融合这三种仪式的语言，反复探讨人生旅途中的某些阶段。我认为她钟情于典礼和仪式的概念，尤其是其中的戏剧性与表演性。"婚礼的白、葬礼的黑，还有既象征庆典又带有解剖学色彩的红，常在她的作品中交替出现。"她最爱的三种颜色是黑、红、金，"博尔顿补充，"但白色总是存在。这很合理，毕竟她重视清晰的轮廓。单色，尤其是黑与白，能起到突显轮廓的作用。"

理论上讲，没有人能将一种颜色据为己有，商标颜色除外。所幸，禁奢法令早已成为历史，如今整个色谱仿佛天空般向所有人敞开。但这并不意味着没有人试图在颜色上插旗，比如关于梵塔黑（Vantablack）的争议。2014年萨里纳米系统公司推出了这种比黑更黑的颜色，它能吸收 99.96% 的可见光。涂上梵塔黑的三维物体看起来仿佛失去了所有维度，像是一块塌陷的虚空，正如"刺脊"乐队 [1] 成员所说，"没有比这更黑的了"。

艺术家阿尼什·卡普尔 [2] 于 2016 年获得了梵塔黑喷绘格式的独家使用权。此举在艺术界引发轩然大波。反对者迅速创建 "# 分享黑色"（#ShareTheBlack）标签，广泛讨

1　Spinal Tap，美国讽刺喜剧《摇滚万岁》中虚构的英国摇滚乐队，由 4 名成员组成，片中讽刺了乐队成员表里不一的嘴脸。

2　阿尼什·卡普尔（Anish Kapoor，1954—　），印度裔英国艺术家，其作品以简洁弧线和鲜明色彩为特点。

论创作自由的问题。没有人比艺术家斯图尔特·森普尔[1]更为愤怒。他告诉艺术品交易网站 Artnet："我想质疑的是这种精英主义逻辑，它限制了创作的可能性。我认为每个人都有权创作。"他决定发明"全世界最粉的粉色"，并向除卡普尔外的所有人开放购买。在网上购买这种颜料时，消费者会收到提示："将该产品加入购物车，即表示您承诺，您不是阿尼什·卡普尔，与阿尼什·卡普尔没有任何关系，不代表阿尼什·卡普尔或与他有关的任何人购买该产品。据您所知、所信、所了解，该颜料不会以任何形式落入阿尼什·卡普尔手中。"

然而，卡普尔还是设法得到了森普尔的粉色——准确地说，是他把中指伸进粉色颜料里——并在 Instagram 上发布了一张挑衅的照片，配文"去你的"。作为回应，森普尔推出了一系列超黑色调：黑、黑 2.0 和黑 3.0[2]。这些颜料在位于伦敦梅费尔街区的商店售卖，任何人都可以购买，除了被禁止入内的卡普尔。这场英式纷争看似愚蠢，但确实引发了关于颜色所有权的讨论。某种特定的颜色真的能"属于"某个人吗？

正如我们所见，颜色是情感化的、难以捉摸的、完全

---

1 斯图尔特·森普尔（Stuart Semple，1980— ），英国艺术家，专攻绘画与雕塑。2021 年发布与蒂芙尼蓝对应的 TIFF 蓝，与克莱因蓝对应的超级克莱因蓝；2023 年发布与芭比粉对应的粉贝尔，旨在推动色彩的民主化。还创建了一个 Adobe 颜色插件，向除潘通和 Adobe 公司员工外的所有人免费开放使用。

2 《卫报》将其称为"更佳黑"（Better Black），但森普尔的官网称之为黑（BLACK）——作者注

主观的。在不同文化中，颜色拥有截然不同的含义。俄语有不同的词来指代深蓝和浅蓝；丹麦语有分别表示浅红色和粉色的词。如果真有哪个机构试图管理颜色，那大概就是潘通（Pantone）了。这个自称"全球色彩交流与灵感权威"的公司，似乎试图在自由流动的色彩之河上筑起堤坝，引导其流向。

潘通最初是一家印刷公司，成立于20世纪50年代，到了60年代开始着手对色彩进行系统化整理。自2000年起，潘通开始发布"年度代表色"，并以穿普拉达的时尚女魔头普里斯特利最喜欢的天蓝色拉开了新千年的序幕。潘通每年所选的颜色往往反映出当时社会关注的焦点——怀旧、未来主义、自然世界。有时，这些颜色会不经意间唤起失落之感。在2019年度色"活珊瑚橘"发布的前不久，有新闻报道指出，自2016年以来，大堡礁已有一半的珊瑚死亡。那一年，人类对气候变化的关注达到了前所未有的高度，大自然也被重新视为人类的避难所。正如潘通在新闻稿中所写："面对数字技术和社交媒体对日常生活无孔不入的侵蚀，我们开始寻求能够带来连接感和亲密感的真实体验。"

2017年度色"草木绿"同样回应了人们对自然日益增长的关注，尽管这种绿色比牛油果绿和青草绿更光滑、也更具工业感。颜色可以被视作一种可再生资源，但自然资源不是。

世界标志性事件也会影响色彩潮流。2008 年金融危机爆发，潘通色彩研究所副总裁劳丽·普雷斯曼在接受线上杂志《Mental Floss》采访时说："我脑海中浮现的是充斥着灰色和其他中性色的交易大厅，每个人都在担心钱，没有人会把钱花在鲜艳的颜色上。"因此，潘通推出了柔和的灰色"风暴前沿"和浅淡的灰褐色"腐殖土"。音乐家王子[1]和大卫·鲍伊都与紫色有着深厚联系，在他们去世后，潘通将"紫外光"选为 2018 年度色，并将他们与吉米·亨德里克斯[2]一同列为该色的代表。

特别有趣的是，天蓝色在世纪之交备受推崇，而经典蓝则成为 2020 年度色，两种蓝色仿佛为二十年间动荡不安的社会局势做了标记。天蓝色如同晴空与静海，令人满怀希望，是"9·11"事件发生前、互联网萌芽之初，新自由主义世界的颜色。据潘通的描述，天蓝色意在表达"我们正迈向一个不确定但令人期待的未来，同时回望过去，试图抓住昔日的安全感。在这个充满压力的高科技时代，我们不断寻求慰藉，而天蓝色恰好能带来宁静"。潘通还指出，研究表明，注视蓝色有助于降低血压、减缓心率。蓝色也具备生态上的象征意义："水资源问题成为公共关注的焦点，在自然资源耗竭、环境污染加剧的背景下，

---

1 王子（Prince，1958—2016），美国音乐家、词曲作者，以独特的音乐风格、多才多艺的乐器演奏能力闻名，最具代表性的专辑之一是《紫雨》。

2 吉米·亨德里克斯（Jimi Hendrix，1942—1970），美国吉他手、词曲作者，被广泛认为是流行音乐史上最伟大的吉他手。

蓝色在未来将持续受到青睐。”

经典蓝紧随新千年的曙光而来，更显内敛。在美国全国公共广播电台（NPR）的采访中，主持人请普雷斯曼在这个显然无法呈现视觉的媒介上描述经典蓝。她说道："这种蓝是黄昏时的天空……预示着一天的结束。"它能够"带来平静与自信，使人愿意建立联结"。关于经典蓝的描述有时听起来像进步派候选人在巡回演讲中的措辞："我们生活在一个需要信任与信念的时代，这正是潘通19-4052经典蓝所传达的品质，一种我们永远可以信赖的蓝色。"隐藏在这一表述背后的正是当代生活的种种不稳定因素。我们带着不安全感，寻求这种深沉色调的庇护。

与天蓝色相比，经典蓝的到来更加高调。潘通与多个品牌合作，放大它对五感的神秘感召力，并推出海盐味的蜡烛、触感极佳的天鹅绒织物，甚至还有一首时长3分钟的纯音乐。据潘通介绍，这首曲子"带我们进入一个熟悉又舒适的地方"。我听了一下，感觉像是迪波洛[1]为美国公共电视台的海洋纪录片创作的主题曲。在正式发布前，这种偏暗的蓝色已悄然现身于2020年春季时装秀，从巴黎世家的建筑感廓形礼服到古驰的紧身长袖连衣裙。这种颜色无疑是时尚的，但作为年度代表色，它并未获得普遍认可。文化记者埃文·妮科尔·布朗锐评道，经典蓝"相

1　迪波洛（Diplo，1978—　），本名托马斯·韦斯利·彭茨，美国DJ、音乐制作人，以雷鬼、电音风格见长。

当于色彩界的《老友记》，平平无奇，因而人人都能接受。潘通极力宣传经典蓝具有缓解焦虑的作用，但这种颜色频繁出现在跨国银行的雨篷、各种软件的默认背景中，它与企业、技术、工作的联系太过紧密，实在无法让人舒心。布朗继续写道："这种颜色让我想到脸书的标志和谷歌文档的图标，时刻提醒我数据监视的存在和无休止的工作……不过，经典蓝作为企业色或许并无不妥，毕竟潘通年度代表色总是与商品销售有关，左右着品牌的调色盘，引导消费者购买那些他们原本不需要的东西。从这个角度看，经典蓝带着厌世感拉开了 21 世纪 20 年代的序幕。被动、平庸、永远待售的时代到来了。"

不过，二十年后，我们或许会怀念经典蓝。

她是谁？

"这令人心颤目眩、神迷意乱的，是哪位 IT Girl[1]？" 1926
年的好莱坞影迷杂志《Photoplay》上出现了这句话，"不
可否认，IT Girl 是这十年的产物。当然，你也可以说她
是当下的产物。但她究竟是什么？"

彼时，这些问题的答案指向了一个女人——克拉
拉·鲍[2]。她几乎与这个词融为一体，以至于粉丝只需在
信封上写"加州 IT Girl"，信件就能准确送达。鲍并不是

1　该词起源于 20 世纪初的英国上流社会。早期，如果一个女性在不炫耀性魅力
　　的情况下获得了很高的知名度，那么她就会被称为 IT Girl。后拓展为形容具
　　有独特魅力和吸引力的年轻女性，代表的不仅仅是外貌或风格，而是一种无
　　法简单定义的个人魅力。在不同的时代，其形象有所变化，甚至在欧美不同
　　国家其含义也有所不同。因此，存在多个中文译名，"物质女孩""名媛""时
　　尚缪斯""名门高女"等。21 世纪初，名人文化的主角逐渐被更为多元、全球
　　化的明星取代，其影响力一度式微。近年来，年轻人重新拥抱并复兴了这一
　　文化符号。不同的是，如今的 IT Girl 不再仅强调外貌和家庭背景，她们可能
　　是时尚博主、创业者、文化偶像。上一个火爆全球的 IT Girl 形象是《绯闻女孩》
　　的两位女主角。

2　克拉拉·鲍（Clara Bow，1905—1965），美国演员，爵士时代摩登女郎的代表。
　　她在《攀上枝头》中诠释了无畏、自信、充满活力的形象。在无声电影时代取
　　得了巨大成功，随着有声电影的出现，事业开始走下坡路。

首位 IT Girl。在她之前，19 世纪的女演员莉莉·兰特里[1]和歌剧演员珍妮·林德[2]都曾让公众为之着迷，并受到媒体的广泛追捧。不过，鲍是首位获此头衔的人，这归功于她主演的 1927 年电影《攀上枝头》[3]，该片改编自埃莉诺·格林的同名小说。鲍从布鲁克林一路打拼到好莱坞，在电影上映前已小有名气，这部电影彻底奠定了她的明星地位。她与之后的 IT Girl 共同定义了名利场极为特殊的一角——介于超级巨星与普通人之间的年轻女性。

格林将 IT Girl 定义为一种超越外表与穿搭的性感魅力。拥有这种光环的人，"如果是女性，将赢得所有男性；如果是男性，将赢得所有女性"。每个时代都会诞生与之匹配的女性形象。在鲍与其同代人路易丝·布鲁克斯[4]的身上，我们看见了摩登感与活力的结合。而到了四五十年代，风向转向了所谓的"天鹅女郎"——巴贝·佩利[5]

1　莉莉·兰特里（Lillie Langtry，1853—1929），英国演员，被称为"泽西百合"，第一位登台演出的上流社会女性。

2　珍妮·林德（Jenny Lind，1820—1887），被誉为"瑞典夜莺"，其影响力不仅限于音乐领域。她将大部分演出收益捐赠给了慈善机构。

3　*IT*，一部无声电影，票房大卖，普及了 IT Girl 的概念。原著作者格林专门创作浪漫小说，对 20 世纪初的流行文化产生了巨大的影响，但其作品在当时被评为"可耻的"。

4　露易丝·布鲁克斯（Louise Brooks，1908—1985），在 1929 年电影《潘多拉的盒子》《流浪女日记》中的表演使她的事业达到顶峰，成为放荡不羁少女的象征。

5　巴贝·佩利（Babe Paley，1915—1978），被认为是当时最会穿衣的女性之一，将珍贵珠宝与廉价饰品混搭、高级定制服装与日常服饰结合，创造出既优雅又现代的风格。

和斯利姆·基思[1]这样的女性。顾名思义，她们优雅美丽，宛如天鹅。佩利是教科书式的"午餐贵妇"[2]，留着精心打理的发型，穿着精致考究的名牌服饰，带着生人勿近的距离感。她的好友杜鲁门·卡波特[3]曾写下这句著名评价："佩利夫人只有一个缺点——完美。除了这一点，她就是完美的化身。"相比佩利的东海岸新教风格，基思则是典型的西海岸美人。她活力四射，偏爱男装风格，塑造了被阳光亲吻过、朝气蓬勃的"加州女孩"原型。卡波特在影射小说[4]《应许的祈祷》中毫不留情地揭露了佩利的婚姻问题与基思的酗酒问题，几乎一举摧毁了她们的声誉。

IT Girl 这个头衔通常不会带来长久的荣誉。与当代成功的女演员相比，鲍和布鲁克斯的职业生涯颇为短暂。鲍在聚光灯下的生活充斥着媒体对其性丑闻的揣测，最终导致她与制片厂解约。二十八岁时，她退出影坛，没过多久便试图自杀。布鲁克斯的离场则更像一种主动选择。她讨厌好莱坞，拒绝了许多邀约，或许是因为她想演的角色在那个时代根本不存在。息影后，她短暂从事应召行业。"作

1　斯利姆·基思（Slim Keith, 1917—1990），22 岁登上《时尚芭莎》封面，连续多年进入该杂志的"最佳着装"名单。她经常穿着挺括的夹克、卡其裤和柔软的乐福鞋。

2　Lady Who Lunched，指在工作日的中午打扮考究、悠闲共进午餐的有钱女性，通常是不用上班的富太太。

3　杜鲁门·卡波特（Truman Capote, 1924—1984），美国作家，最著名的作品包括中篇小说《蒂凡尼的早餐》和长篇纪实文学《冷血》。与佩利、基思有着复杂的友谊。

4　基于真实事件，用假名来指代其中人物的小说，介于虚构与非虚构之间。

为一个三十六岁的过气女演员，给我机会、薪水还不错的工作只有应召女郎。"她在自传《好莱坞的露露》（*Lulu in Hollywood*）中如此写道。

与当时的主流不同，布鲁克斯和鲍的职业生涯并未与某位男性紧密捆绑。虽然她们在好莱坞曾有过几段暧昧关系，但两人始终以独立姿态穿梭于名利场，这使得她们在父权主导的制片厂体系中举步维艰。她们也很容易被轻视：鲍的吸引力常被归结为气质和魅力，而非真正的才华；布鲁克斯在镜头前的表演自然流畅，以至于有人质疑她是否真的在表演。IT Girl 从一开始就被认为是毫不费力取得成功的人，即便她们付出了大量的努力。

随着 20 世纪 60 年代的到来，反文化运动也有了自己的"女孩"，其中最为著名的是"青年震荡者"伊迪·塞奇威克 [1]。"青年震荡者"一词最初由黛安娜·弗里兰提出，反映了社会开始从青年文化中汲取时尚与流行文化灵感的趋势。那个十年见证了玛莉官与比巴 [2] 等品牌的崛起。它们以亲民的价格、新颖的设计，迅速赢得了青少年群体的

1　伊迪·塞奇威克（Edie Sedgwick，1943—1971），美国演员，在安迪·沃霍尔多部电影中亮相，成为地下电影皇后和20世纪60年代纽约艺术界的中心人物。她浓重的烟熏妆、夸张的耳环、中性短发成为当时的时髦元素，被誉为世界上第一个中性时尚的经典。

2　玛莉官（Mary Quant），设计师玛莉官创立的同名品牌。玛莉官是 60 年代伦敦摩登和青年时尚运动的重要人物，被认为是迷你裙、彩色连裤袜、热裤的发明者。比巴（Biba），由波兰插画师巴巴拉·胡拉尼茨基创立，1964 年推出一款粉色格子连衣裙，取得巨大成功。

喜爱。"二战"时期的艰苦条件滋生了崇尚瘦弱的青春美学。比巴创始人胡拉尼茨基曾说:"战后出生的孩子小时候营养不良,长大后个个瘦削,这正是设计师梦寐以求的模样。"她和玛莉官为这些"发育不良"的女性设计了彼得潘领和迷你裙,并搭配天真无辜的假睫毛。

塞奇威克跻身 IT Girl 之列,标志着文化的一次转折:人们的迷恋从"天鹅女郎"所代表的成熟女性与古典之美,转向对青春与叛逆的狂热追捧。她是"天鹅女郎"与潮流先锋的完美结合,出身高贵的千金小姐全心投入安迪·沃霍尔的"工厂"[1]中。她在地下艺术圈颇具声望,但媒体仍聚焦于外表,与对她前辈的报道几乎一致。1965 年《Vogue》杂志这样描绘她:"二十二岁,银发,乌黑的眼眸,令人心醉神迷的双腿。"《生活》杂志更戏称她是"自哈姆雷特以来,对黑色紧身裤贡献最大的人"。鲍勃·迪伦和"地下丝绒"乐队皆以她为灵感创作了歌曲。时至今日,她仍是许多艺术家的灵感源泉。美国另类摇滚乐队"沙滩小屋"以她的绰号命名了一首歌,即《年度女孩》。

"年度女孩"或许比 IT Girl 更为贴切,这一称呼暗示了此类角色总有到期的一天。塞奇威克如同一道电光,耀眼地划过,又迅速消失。她冷峻的外表下,隐藏着与饮食失调、药物成瘾、酒精依赖的长期斗争。在《Vogue》和

1　1963 年至 1987 年间安迪·沃霍尔位于纽约的工作室。

《生活》杂志刊登上述报道六年后，她在加利福尼亚去世，死因是过量服用巴比妥类药物。

如果说塞奇威克短暂的一生，如让·斯坦[1]在口述历史《伊迪》中所记录的那样，是"年度女孩"现象的真实缩影，那么1970年由时尚摄影师杰里·沙茨伯格[2]执导的邪典电影《一个堕落儿童的雕像》则是这一现象的虚构顶峰。费·唐纳薇[3]饰演的卢，一位曾经的"年度女孩"，因一连串药物问题和心理疾病被时尚界彻底抛弃，从红唇猫女变成了藏身海边小屋、用高领毛衣裹紧自己的隐居者。故事通过令人心碎的录音带缓缓展开。塞奇威克本人也曾沉迷于录音带，或许因为这种非视觉媒介给予她某种掌控叙事的安全感。影片情节部分取材于沙茨伯格对模特安妮·圣玛丽[4]的采访。卢的密友、摄影师亚伦，与沙茨伯格本人颇为神似，他决意弄清卢为何崩溃。值得肯定的是，相较于亚伦，沙茨伯格在最终呈现的作品中，对卢流露出更深的同情。对于当代观众来说，祛魅后的卢意外契合当代"伪素颜"审美潮流。但在当时，她的模样揭示了当镜

1　让·斯坦（Jean Stein，1934—2017），美国作家、编辑，口述历史叙事形式的先驱。

2　杰里·沙茨伯格（Jerry Schatzberg，1927—　），美国摄影师、导演，其摄影作品广泛出现在国际时尚杂志上，最著名的照片之一是鲍勃·迪伦1996年专辑的封面照。1970年转向电影创作，凭借电影《稻草人》获得第26届戛纳电影节金棕榈奖。

3　费·唐纳薇（Faye Dunaway，1941—　），美国演员，因在《邦妮与克莱德》中饰演亡命之徒邦妮·帕克而名声大噪。

4　安妮·圣玛丽（Anne St. Marie，1926—1986），20世纪50年代的超模。

头离开、合约远去后，过往辉煌皆成泡影的残酷现实。"年度女孩"终究难逃被消费与遗弃的命运。

如今，一边是明星像发糖果般随意分享护肤秘诀，另一边是复古风网红挤占互联网的情绪版。她们的故事嵌入精致的黑白照片中，属于目标导向的服务性新闻[1]，且带着搜索优化的痕迹。你能从中学到如何像琼·塞贝里[2]一样穿条纹，像塞奇威克一样画白色眼线，以及如何将长袍穿出塔利塔·格蒂[3]的味道。仅仅以装饰性存在且无履力支撑，似乎是白人女性独享的特权，至少在复古风网红中是如此。多年来，IT Girl 的轮廓可能略有变化，但那些变化并不意味着革新，外貌与最初的设定相差无几，个性也未能突破陈规。卡拉·德莱文涅以"上层叛逆女孩"的故事传承了伊迪·塞奇威克的衣钵；埃米莉·拉塔科夫斯基[4]复刻了碧姬·芭铎的性感魅力；艾里珊·钟则再现了简·柏金的英式慵懒。

你或许会疑惑，为什么时尚偶像往往命运多舛，她们

1 指提供实用性信息的新闻，例如生活资讯、美食分享、租房信息等。

2 琼·塞贝里（Jean Seberg, 1938—1979），美国演员，因在法国新浪潮电影中的出色表现而闻名，尤其是在戈达尔《筋疲力尽》中的演出。

3 塔利塔·格蒂（Talitha Getty, 1940—1970），60 年代成为伦敦派对界的常客，与许多名人建立了友谊，以其独特的时尚品味而闻名，擅长混搭不同地区的元素。

4 埃米莉·拉塔科夫斯基（Emily Ratajkowski, 1991—　），美国演员、模特，在电影《消失的爱人》中饰演情妇。同时，也是一位成功的企业家，拥有自己的泳装和内衣品牌。

的痛苦最终被风格的光芒所掩盖。当人们赞美她们的穿搭与品位时，极少提及塞贝里的自杀、格蒂的药物过量、塞奇威克的毒瘾（让·斯坦的书当然是个例外）。但只要你想找一张精灵短发的参考图，为眼妆寻找灵感，或者给度假穿搭添一件长袍，这些女孩的脸就会出现在眼前（永远是女孩，几乎没有女人）。在这个网红恨不得拿消防水枪往我们嘴里灌信息的年代，她们的不可知性使她们成为安慰剂般的存在，毕竟塞奇威克不可能死而复生，给我们讲解如何让肠道保持干净。

　　这些女性无疑还有其他共性，使她们成为时尚偶像。毫无疑问，神秘感是其中之一。她们就像姗姗来迟、又早早离场的派对客人，从不久留到令人厌倦。杰伊·麦金纳尼[1]曾为《纽约客》撰写了一篇关于 90 年代 IT Girl 科洛·塞维尼的文章，这篇文章堪称"极致版中年男性眼中的名媛"。"她聪明到懂得保留，这让我们可以在她身上尽情投射任何想象。我可以滔滔不绝地谈论她，但实际上我对她所知甚少。"塞维尼凭借非传统的表演风格和个人形象，成功逃出名媛叙事为她安排的命运。或许早年不被主流赏识的经历反倒成为助力，让她在"年度女孩"的空档期顺利开启演员生涯，并塑造了如《大爱》中的摩门教家庭主妇、《丽兹》中的丽兹·波顿等广受好评的角色。在

1　杰伊·麦金纳尼（Jay McInerney，1955—　），美国作家，1984 年出版短篇小说集《如此灿烂，这个城市》，获得巨大成功。

麦金纳尼的文章刊出后，《纽约客》还做了后续追踪报道，采访了塞维尼本人。她在题为《四十岁的科洛·塞维尼》的文章中说道："对我来说，最酷的事就是留一些东西给自己。"

塞维尼拓展了 IT Girl 身份的边界，但她终究是个例外。更多时候，这些女性被定格在青春年华。她们的人生永不落幕，没有令人扫兴的第二幕，也不会因过多的背景故事而打扰大众的幻想。她们因此规避了大众的反感，但也失去了被真正了解的机会。当她们试图摆脱这一角色的束缚时，大众的反应往往并不友善。艾里珊·钟刚成为 IT Girl 时，从电视主持人、模特变成了事业型女性，与玛珀利（Mulberry）合作推出以她名字命名的手袋，并与多个时尚品牌达成了合作。她说："我不想被看成是到处闲逛、流连派对的人。"然而，她在不同领域的努力——包括她写的书《IT Girl》——始终被她的风格和外表所掩盖。人们并不关心她究竟是谁，只在意她看起来像谁。如今，钟女士首先是一名设计师，拥有同名品牌。和维多利亚·贝克汉姆、奥尔森姐妹一样，她将被观看的名人身份转化为主导叙事的时尚人物。

IT Girl 或许是唯一不被赋予第二幕人生的美式原型。她们要么选择隐居，要么以美丽而神秘的姿态告别人世。英年早逝的女性似乎自带某种特别的吸引力。卡罗琳·贝塞特·肯尼迪[1]的极简造型至今仍在 Instagram 上被逐一分析；彼得·韦尔的《悬崖上的野餐》[2]和索菲娅·科波拉的《死亡日记》成为时尚界的灵感源泉，两部作品都聚焦于青春期女孩的消失。《死亡日记》改编自杰弗里·尤金尼德斯的小说，以一群邻家男孩的视角展开，他们被女孩深深吸引，却对她们一无所知。这与麦金纳尼的文章并无不同。IT Girl 的故事往往由那些看似疏离、却深深着迷的男性讲述。

IT Girl 的影响力被简化为美学模板和自我提升的范本，仿佛一幅世纪末的剪影，易于识别，却毫无细节。她们的悲剧被悄然抹去。IT Girl 成了掌管外表的神明，只负责散发快乐与魅力，不容许任何痛苦显现。

痛苦本是 IT Girl 故事的一部分。为她们撰写故事的人往往传递出一种观念，风格是与生俱来的，就像一串附着在 DNA 链上的珍珠项链，仿佛简·柏金一出生就知道如何把条纹衫穿得更好看。但风格有时——或者说，经常——会发展成一种防御机制。伊莎贝拉·布洛[3]用标志性的前卫帽饰来抵御纠缠她一生的抑郁，把帽子比作抗抑

1　卡罗琳·贝塞特·肯尼迪（Carolyn Bessette Kennedy，1966—1999），已故美国前总统约翰·肯尼迪之子小约翰·肯尼迪的妻子，曾任 Calvin Klein 公关总监。

2　《死亡诗社》《楚门的世界》导演彼得·威尔的早期作品，改编自琼·林赛的同名小说，讲述了 1900 年情人节那天一群澳大利亚女学生和她们的老师野餐时发生的失踪事件。

3　伊莎贝拉·布洛（Isabella Blow，1958—2007），英国著名的杂志编辑。她因发掘多位超模并推动了设计师亚历山大·麦昆的事业发展而备受赞誉。

郁药，用它们来掩盖自认为的缺陷。在纪录片《灰色花园》[1]中，大伊迪与小伊迪这对母女在孤立无援的生活中，创造出独特的穿衣语言，用裙子当披肩，用头巾遮盖脱发。这种风格并非刻意追求的时髦，而是出于生存的需要，却成为无数设计师的灵感来源。塞奇威克也曾说过，她的标志性妆容从不是某种时尚实验，而是一种伪装。"我在脸上绘制一张面具，"她对让·斯坦说，"因为我不觉得自己很美……我不得不刷上像蝙蝠翅膀一样厚的黑色睫毛膏，画上深色下眼线，把头发剪掉……染成金色或银色。所有这些小改动都是生活里的一个个挫折促成的。"

时装常被比喻为"盔甲"，但我们是否可以将其视为更接近防御性适应的东西，比如犰狳[2]的骨质甲壳？墨西哥艺术家弗里达·卡洛偏爱色彩鲜艳的长裙，以转移他人对她腿部的注意。她的腿因小儿麻痹而长短、粗细不一，右腿膝盖以下又因公交车事故被截肢。她用披肩和上衣掩盖背部的支架，用精致的花冠将他人的视线引向上方。她在矫正胸衣上绘制植物与动物，并用彩绘装饰假肢。那场事故中，她的子宫被铁质扶手刺穿，她便在胸衣腹部画上胎儿，以表达对失去生育能力的哀悼。她为每份痛苦都找到了外化的方式，拒绝隐藏，将自己置入画中，并成为爱

---

1 *Grey Gardens*，由阿尔伯特·梅索斯和大卫·梅索斯拍摄，这对母女是美国前"第一夫人"杰奎琳·肯尼迪的姨妈和表姐。她们在名为"灰色花园"的房子里与世隔绝地生活了五十多年。

2 有壳的哺乳动物，全身披覆鳞片，受到威胁时会蜷缩成球状以保护自身。

德华·韦斯顿[1]那一代艺术摄影师的模特。她坚持让自己被看到，以此对抗残疾带来的隐形感。

然而，关于弗里达的讨论始终停留在花冠、一字眉和科切拉音乐节穿搭参考清单上。如今，许多人将她视为色彩斑斓的个人风格的代名词，仅此而已。2019 年纽约布鲁克林博物馆展出了她的作品与私人物品。展览题为"外表具有欺骗性"；伦敦维多利亚和阿尔伯特博物馆则将同一展览命名为"她，自我装扮"。两个标题均指向外表在这段传奇中的核心地位。乔治亚·奥基夫[2]也经历了类似的处理。在她的回顾展中，博物馆展出了这位画家的化妆包和极具布鲁克林风格的衣橱。很难想象马蒂斯的剃须镜或毕加索的牙膏会出现在他们的展览中。但装饰物、护身符、化妆工具被视为弗里达和奥基夫艺术家身份不可或缺的一部分，甚至与她们的作品同样重要。《弗里达·卡洛：时尚是存在的艺术》（*Frida Kahlo: Fashion as the Art of Being*）一书的作者苏珊娜·马丁内斯·维达尔称弗里达为"自拍女王"，并断言如果她活在今天，必定是"真正的网红……拥有一大批追随者"。

和当今的网红一样，弗里达也影响了众多设计师。

1　爱德华·韦斯顿（Edward Weston，1886—1958），美国摄影师，截至 2013 年他的两张照片跻身有史以来最昂贵的照片之列。

2　乔治亚·奥基夫（Georgia O'Keeffe，1887—1986），美国艺术家，因对自然形态的细致描绘而获得国际认可。她的作品常常受到居住地及周围环境的启发。

让·保罗·戈尔捷[1] 以她的矫正胸衣为灵感，为麦当娜打造"金发雄心"演唱会的经典造型，但大多数人并不记得这一设计源于弗里达的病痛。偶尔，也有设计师会钻研得深一些，例如里卡尔多·蒂希[2] 在纪梵希 2010 年秋季高级定制系列中，用手工刺绣和珠饰构建出宛如骨骼的装饰结构，向弗里达将伤痛公开、拒绝隐身的勇气致敬。

2019 年，我注意到一些设计师重新从戴安娜王妃的形象中汲取灵感。或许是因为她去世的周年纪念临近，又或许是潮流循环再度回到 20 世纪 80 年代末至 90 年代初——那正是她的黄金年代。同时，这股回潮也离不开梅根·马克尔[3] 身上被赋予的"继承"叙事，人们乐于在她的举止与装扮中寻找戴安娜的影子。克里斯汀·斯图尔特在电影《斯宾塞》中饰演戴安娜王妃的消息，则进一步将这股热潮推向了新的高点。

戴安娜以斯隆漫游者[4] 风格闻名，这是一种更为精致的英式学院风，但并未流传至今。设计师弗吉尔·阿布

---

1 让·保罗·戈尔捷（Jean Paul Gaultier，1952—　），法国时装设计师，因玩世不恭的时尚态度与风格，获得"时尚顽童"的称号。

2 里卡尔多·蒂希（Riccardo Tisci，1974—　），意大利时装设计师，2005—2017 年间担任纪梵希高级时装、成衣和配饰系列的创意总监。

3 梅根·马克尔（Meghan Markle，1981—　），英国哈里王子之妻，美国人，婚前曾从事模特、演员职业。2020 年英国王室宣布她与哈里王子退出王室，只保留公爵和公爵夫人的封号。

4 Sloane Ranger，泛指住在伦敦切尔西和部分肯辛顿区域（著名富人区）的中产时髦男女。

洛[1]为其品牌 Off-White 推出的女装系列，从戴安娜更具运动感的一面汲取灵感，例如复刻她散步时穿着的骑行短裤（该系列还包括与 Jimmy Choo 合作推出的塑料水晶鞋）。英国快时尚品牌 ASOS 与女性企业家莎玛丹·里德合作，推出受戴安娜启发的服饰，直接取材于她的衣橱，或者那些看起来像是她可能会穿的衣服，包括她与查尔斯王子分居后穿的一字肩"复仇小黑裙"。

梅根以其平易近人的形象被称为"戴安娜王妃的继任者"，又一位"人民的王妃"。值得注意的是，男性鲜少承担类似的象征意义，几乎从未被要求成为"人民的XX"。[2]梅根通过著名的"Megxit"[3]，像戴安娜一样回归平民身份，使她更受人民的喜爱。她们在沾染王室"仙尘"后，依然选择站在保守与精英主义的对立面。

正是那种不加修饰的自然气质，让戴安娜广受赞誉。阿布洛的系列中包含一件名为"自然女人"的夹克，似乎在暗示，戴安娜在这个人造物盛行的时代是一剂解药。你可以把它理解为"在充斥着卡戴珊的世界里成为戴安娜"的迷因式口号。戴安娜借助时尚缓解模范王妃生活带来的不适。与当今那些拥有专属造型师、步步精准的王室成员

1　弗吉尔·阿布洛（Virgil Abloh，1980—2021），美国时装设计师、音乐制作人，自 2018 年起担任路易威登男装艺术总监。

2　对于这一点，不同信源观点略有不同。但确实存在"Man of the People"（直译为"人民的男人"，亦可译作"人民公仆"）这一说法。——作者注

3　Meghan（梅根）与 Exit（退出）的结合词，模拟 Brexit（英国脱欧）一词。

相比，她的造型反而更让人心动。至于她的风格是否构成某种痛苦的外化，还有待商榷。但与同时代的女性偶像一样，她短暂的生命和悲剧性结局使她成为设计师最理想的投射载体。

你也许会以为，在这个宣扬"你本来就很美"的时代，我们会厌倦 IT Girl。但事实上，正因为对真实女性美的标准有所放宽，所谓的"真实感"（或至少看起来像是）反而变得更加稀缺。数字时代的 IT Girl 更加扁平化，集合了所有被视为理想的特质，就像刚被凑在一起的男团成员。于是，我们迎来了去人格化的虚拟网红小米克拉[1]，她的人气在其虚拟身份被揭露后不降反增。还有诞生于摄影师卡梅伦·詹姆斯－威尔逊的"艺术项目"的虚拟模特舒杜[2]、以去除人味的 CGI 感作为个人标志的流行歌手波普伊[3]。小米克拉的人气持续上升，甚至出现在 Calvin Klein 广告中，与超模贝拉·哈迪德接吻。她的形象略微偏离西方理想的白人美女标准，却仍未背离 IT Girl 的核心特质。她种族的模糊性仿佛是一种具象化的算法，试图代表不同背景的人群，同时维持一种理想化、遥不可及的距离感。她延续了前辈的神秘感，而她对社会公平正义的关注可能

1　Lil Miquela，由初创公司 Brud 创建的虚拟人物，以 20 岁美国巴西裔女孩的身份活跃在社交媒体上。

2　Shudu，首位数字模特，外貌借鉴了芭比系列中的南非公主。

3　波普伊（Poppy，1995—　），因在 YouTube 上发布怪诞且空灵的视频而走红。这些视频的特点之一是她独特的机械语调。

是对 IT Girl 的唯一更新。

有人可能会认为，恐怖谷效应[1]会削弱虚拟偶像的魅力。然而，她们的崛起恰恰提醒我们，IT Girl 一直以来都是社会投射在女性身上的幻想，女性被简化为角度、轮廓和性格标签的存在。她们的痛苦仿佛早已被整形医生精准剔除。这也许正是"IT"这一去人格化代词的寓意所在。这个世界口口声声说着要欣赏复杂的女性，但最被大众追捧的 IT Girl，其复杂性却被抹去。她们经久不衰的魅力，或许正暴露了社会无法处理女性的痛苦，甚至难以面对女性的离经叛道。

或许，"每个人都能成名 15 分钟"的沃霍尔式未来终究不会到来。我们正走向一个由虚拟人物占据名望之巅的世界。既然"纸片人"能满足需求，又何必与真实女性互动呢？

1　心理学概念，指人类对机器人或动画角色的反应随其逼真度变化的过程。当人造物体的外观和行为接近真人但又不完全相同时，人类会感到不安、恐惧，甚至反感。

我为何不能成为你?

也许，当我们从拥有朋友转向拥有追随者的那一刻，一切就悄然改变了。最初的社交媒体像是通讯录的扩展，朋友们发布带点表演性质或纯粹搞笑的内容——凌晨 2 点的想法、在丑照上互相标记。而不知不觉间，它逐渐成了一个封闭社区，用户只向内窥探。朋友意味着一种自然的关系；追随者则带有邪教意味。是什么让某人值得被追随? 是她 / 他的独特见解，惹人迷醉的气质，还是完美的生活?

似乎没有人能说出确切的答案。但社交媒体已然成为实时更新的美好生活行情电子看板，人们渴望围观陌生人的人生。凯莉·詹纳[1] 在推特上拥有 3750 万粉丝，每一条推文都跟着好几个零的商业价值。当她宣布 Lip Kits 即将开售时，她的网站崩了，但数百万销售额已涌入口袋。与此同时，她轻轻一指，就能令一间公司陷入亏损。当她发

---

1 凯莉·詹纳（Kylie Jenner，1997— ），卡戴珊家族最小的妹妹。她推出一系列唇部化妆品 Lip Kits。

文表示对 Snapchat[1] 兴趣减退后，这家公司瞬间蒸发了 13 亿美元的市值。

当你像詹纳一样拥有足以填满体育场的粉丝时，280 个字符[2] 就能产生核爆般的效果，甚至不需要任何字符，一个色块就能达到同样的效果。她的姐姐肯德尔·詹纳、模特埃米莉·拉塔科夫斯基和海莉·比伯，仅在 Instagram 上发布了一个橙色方块，便为灾难性的巴哈马弗莱音乐节制造了声势。这个音乐节通过高概念预告片向观众承诺，他们将有机会与名人一起玩耍。当观众到达现场，迎接他们的却是充当奢华小屋的救灾帐篷、湿透的床垫和詹纳不可能现身的事实。

即使是那些从未买过 Lip Kits、对在巴哈马观看"眨眼 182"乐队[3] 演出毫无兴趣的人，也难以完全摆脱网红的影响。我们可能会在不经意间迷失于维生素补剂和益生菌的推荐中；沉迷于新晋演员摆满多肉植物的家；细致研究某位作家的护肤步骤……（我们与她们之间的距离，难道就差一瓶 70 美元的山茶花精油吗？）

"网红"这个模糊的词，源自一个语义相对含混的动词[4]。网红凭借装饰贴纸般的风格，取代了有距离感、每天睁眼便入账 1 万美元的超模，以及上一篇提到的 IT

---

1 美国社交媒体应用，用户可以上传照片和视频，并撰写文字与好友分享。

2 推特给每条推文设置的长度上限是 280 个字符。

3 Blink-182，来自美国加州的三人摇滚乐队，擅长流行朋克和朋克摇滚。

4 influence，意为"影响，左右"，该词在程度上的界定是模糊的。

Girl。网红的吸引力在于，他们展现出了每个人心中向往的那个更理想、更好的自我形象。与有距离感的明星不同，他们似乎可以成为你的好朋友——此处强调"似乎"一词。借助社交媒体和生活方式记录应用，你几乎对她/他了如指掌，从公寓的每个角落、育儿方式（包括育儿中的失误和情绪失控的瞬间），到每餐的食物选择，以及用来打造美好生活假象的东西。在好的情况下，这可能会激励你提升自己；但在坏的情况下，你可能会看着自己卧室布满灰尘的角落、药柜里的祛痘膏和胡乱摆放的书籍，陷入自我怀疑——我到底哪里出了问题。

网红在时尚界初登场时被称为"博主"，并被视为局外人，是杂志、网站正统体系之外的"新"记者。2009年杜嘉班纳的秀上，博主 Bryanboy[1] 和街头摄影师汤米·敦、加朗斯·多雷、斯科特·舒曼——他们均运营着自己的博客——受邀坐在第一排，并被允许随身携带笔记本电脑，而传统主流媒体则被安排在第二排。这在当时被视为大逆不道，但如今已不足为奇，网红与时尚编辑常常同排看秀。编辑被要求维持社交媒体活跃度，这已成为工作的一部分，有些编辑甚至成了全职网红。一些网红的粉丝数量远超主流时尚媒体。YouTube 博主艾玛·张伯伦和美妆视频博主米歇尔·潘登上了纸质杂志封面，这曾是

1　真名布赖恩·格雷·扬包（Bryan Grey Yambao），菲律宾裔瑞典人，曾是网络开发工程师。

明星和模特的专属领地。杂志图片常因过度修图、人物失真而受到批评，于是出现了无滤镜、无化妆的拍摄企划，试图模仿 Instagram 所谓的偶发性与日常感。然而，大多数网红通过修图软件美化自己的图片。真假已不再重要，可信与否也变得模棱两可。

在时尚之外，更广泛的范围内情况也大致相同。某个时刻起，一切开始趋同：传统明星变得像网红，网红逐渐像传统明星，普通人则在模仿网红。拥有两三位数粉丝的普通人也开始精心展示、摆拍自己的生活。每个人都是内容创作者，每个人也都有可能成为网红。网红看起来像是你的朋友，而你的朋友，越来越像网红那样行事。我们仿佛生活在一个数字化的斯特普福德镇[1]。身份被压平，具有压倒性影响力的美学风格不断繁衍——白色边框、柔和诱人的色调、不加滤镜的"自然感"。很多人或许仍相信创意与多样性终将胜出，但令人遗憾的是，平台上最受欢迎的往往是那些像 70 年代概念艺术家那样的人，他们将自己限制在几个重复的元素中——花纹地板与涂着指甲油的脚趾；可爱女孩与彩色墙壁。

曾经，我们只知道亲密朋友的家是什么样子。现在，通过社交媒体，我们能看到每个人的私人空间——精心布置的角落、轮番出场的朋友和家人，他们的假期、喜欢的

1　1975 年美国电影《复制娇妻》中的虚构小镇，主妇们穿着相似的衣服、梳着相似的发型，甚至连表情和动作都相似。

气泡水品牌，以及那些从未被翻阅的精美精装书。看似有无数全新领域等待我们去探索和实践，包括所谓的"自我照顾"——这个词早已背离了它在激进黑人女性主义中的原始含义。奥德雷·洛德[1]在《一束光乍现》中写道："自我照顾不是自我放纵，而是自我保护，是一种政治作战行为。"而如今，我们被鼓励通过敷着面膜的自拍、泡泡浴中露出双脚的照片来表达"关爱自己"。任何变化和进展，若未被影像记录，便不存在。

塔维·吉文森[2]十几岁时成为时尚博主，凭借前卫的审美以局外人的身份进入主流时尚圈，尽管她只是个来自伊利诺伊州郊区的孩子。这种半入半出的状态，预示着时尚名声新体系的萌芽阶段。与许多博主一样，她的下一步就是成为意见领袖。《纽约》杂志曾用一期封面文章探讨Instagram对她心理的影响。吉文森在采访中提到，她曾短暂运营一个私人账号，分享自己与名人在他们家中的合影等类似内容，以此来满足"那个已经习惯将个人经历打造成公众消费品的自己，仿佛只有这样才是完整的"。在她的公开账号上，面对更广的受众，她努力表现得更真实。她也意识到了其中的矛盾："我想要分享、表演和娱乐的

1　奥德雷·洛德（Audre Lorde，1934—1992），美国作家、女性主义者，致力于反对种族歧视、性别歧视、恐同现象等。《一束光乍现》（*A Burst of Light*）是她的散文集，探讨了身份认同、种族、性别、健康及社会正义等议题。

2　塔维·吉文森（Tavi Gevinson，1996—　），美国作家、时尚博主，12岁时凭借时尚博客一举成名。

倾向，与一种更加犬儒的欲望交织在一起。我为了获得量化的认可而展示理想化的自己，这种认可的程度和频率，在十年前是无法想象的。"

对吉文森而言，和许多人一样，Instagram 已成为工作的延伸，有时甚至比本职工作更赚钱。她写道，自己曾在布鲁克林一栋公寓楼里免费居住，条件是发布相关内容。这听起来仿佛是梦想中的生活。凭借自身形象，她的名气与日俱增，但与此同时，她也开始不受控制地抠自己的脸。"紧张引起的小动作那么多，为什么偏偏选择破坏自己最重要的资产？"她说，"一个朋友说，这是面对公众时的一种领地反应，是我试图行使控制权；另一个朋友则认为，这是我潜意识里对成名的抗拒，反映了我对名气既依赖又憎恶的心态。"

网红或许是这个时代的产物，但广告自诞生以来就依赖于激发人们的妒忌与自我提升的渴望。广告还与生活方式息息相关——这款香烟会带给你自由，这款香水会让你令人无法抗拒，这辆车将载你驶向全新人生。爱德华·伯奈斯[1] 在《宣传》中通过多个案例详细说明了如何利用传播策略影响公众行为。为了卖出钢琴，聪明的营销人员不会强调钢琴的质量，而是努力使"拥有一间音乐房"这一

1　爱德华·伯奈斯（Edward Bernays，1891—1995），美国公共关系专家，被誉为"公共关系之父"。他是弗洛伊德的外甥，运用心理学原理推动公共关系和广告的发展。

想法普遍化。他们可能会"举办一场音乐房展览，邀请知名室内设计师打造不同主题的音乐空间……然后，为了给展览造势，再办一场活动或典礼，邀请能引领公众消费习惯的名人，如小提琴家、艺术家、社会名流。这些人将'音乐房'的概念转化为广泛共识……于是，音乐房成了一种潮流。那些已经拥有音乐房或想把客厅一角布置成音乐角的人，自然会想到买一架钢琴。更重要的是，人们会认为这是自己独立做出的决定"。

如今，小提琴家和艺术家可能不再对我们的品味产生太大影响，但伯奈斯对消费者心理的洞察依然有效。他在"一战"期间加入美国公共信息委员会，将战争像普通商品一样"推销"给民众。他发起了"把香烟卖给女人"活动，将吸烟与女性解放联系起来，称香烟为"自由的火炬"，并鼓励支持女性主义的年轻女性在复活节游行中公开吸烟。他还为美国联合果品公司推广香蕉，通过将香蕉放入名人的手中、置于酒店的餐桌上进行宣传。他的策略不仅影响了商业领域，还在地缘政治中发挥了作用。危地马拉左翼政权推行的土地改革威胁到联合果品公司的利益，他通过制造共产主义恐慌，促使美国干预，最终削弱了该政权的势力。他的许多策略直接影响了当今品牌与网红合作的种子植入营销模式[1]，以及将购买某种产品与特

1　seeding marketing/campaign，利用意见领袖、网红的影响力将产品或信息植入潜在消费者的认知中，从而引发自然传播。有时也被翻译为"口碑传播"。

定价值（如女性主义）挂钩的做法。他并不是简单地推广商品，而是凭空创造需求，这正是沃尔特·李普曼所说的"制造同意"[1]。

唯一的变化是同意者和被同意者之间的距离。过去，我们仰望明星，他们像奥林匹斯山上的神祇，遥不可及。而网红模式则呈现了一种更为浅显的渴慕形式。人们可能因为看到了伊丽莎白·泰勒的"白钻石"香水广告而去买一瓶香水，或者在浏览最新时装秀的幻灯片后去买一支香奈儿口红。而现在，我们渴望的是网红同款紧身裤、瑜伽垫、水晶能量瓶。这是一种微妙的心理迁移，更像是看到朋友买了某样东西，在心中泛起一阵轻微的消费主义痒感——或许还包括与该物相伴的生活方式。

广告曾划分不同的细分市场，顶级明星占据奢侈品市场，大众明星则代言大众品牌。随着时尚和美妆行业的全面扁平化，这种模式已成为历史。金·卡戴珊可以同时成为法国奢侈品牌巴尔曼的代言人和排毒茶的社交媒体推销员。一线明星与超模也开始具备网红的特质。格温妮丝·帕特罗会分享简单易学的煎饼配方，里斯·威瑟斯庞[2]手把手教你制作每日奶昔。曾经的电影明星极为重视

1　沃尔特·李普曼（Walter Lippman，1889—1974），美国著名记者、作家，被认为是现代新闻学和公共舆论理论的重要奠基人之一。他在《舆论》中首次提出了"制造同意"（manufacture of consent）的概念，指出大众舆论常常受到媒体和精英的操控。

2　里斯·威瑟斯庞（Reese Witherspoon，1975—　），美国演员，凭借《与歌同行》获得第78届奥斯卡最佳女主角奖。曾客串出演《老友记》中瑞秋·格林的妹妹吉尔。

隐私，但如今几乎没有人能够像嘉宝[1]那样在宣传期之外保持隐居状态。如果有人公开表示自己注重隐私，不愿将个人生活展示给公众，不提供链接，这反而会被视为一种莫名其妙的防备，有所保留就意味着在隐藏什么。

即使是社交媒体脱瘾的尝试，也被包装成个人形象的一部分。网红会轻描淡写地谈论社交媒体带来的负面影响，暂时停用后很快回归。（这并不难理解，当你的生计依赖于这些平台时，放弃它们几乎等同于切断氧气。）当一个网红打破手机屏幕这"第四面墙"，"真实"地谈论抑郁或焦虑、展示照片背后"不完美"的现实，他往往会收获更多的点赞、互动与销量。没有什么比真实性更具吸引力，或者至少是真实性的仿制品。

公众人物不再把美容健身方法当作秘密，而是表现出一种新的开放性——尽管这种开放性十分狭隘。随之而来的是一种新的期望：你也可以拥有他们所拥有的一切。某种对新教伦理的扭曲或变形正占据主导地位。除了你自己的懒惰和几千美元，没有什么能阻碍你达到与名人同样的高度。在这个阶级固化日益严重的社会，有人承诺快速且轻松的解决方案，声称可以帮助你跨越贫富差距的鸿沟，我们因此被吸引过去，这是再自然不过的事。

---

1 指的是好莱坞影星葛丽泰·嘉宝（Greta Garbo，1905—1990），奥斯卡终身成就奖得主。她出演的每部电影几乎都有一句台词"请让我独自一人"，这也是其生活方式的写照。

试图跟上名人的脚步并非什么新鲜事。新的诱惑与危险之处在于，社交媒体在名人和普通人之间营造了一种虚假的相似性，一种"距离人人平等只有一步之遥"的伪民主。过去，人们模仿伊丽莎白·泰勒和奥黛丽·赫本，但也明白自己不可能成为她们。而现在，网红成了很多人的理想职业。它营造出人人都能轻松实现目标的幻象。帕特罗在接受《金融时报》采访时说："健康的基本原则——冥想、吃天然食品、多喝水、充足睡眠、积极思考、保持乐观——都是免费的。"理论上没错，但她忽视了一个关键前提：这些"免费"建立在特权之上。许多地方难以获得干净的饮用水；天然食物往往价格昂贵，在不富裕的地区也不易购得。如果你背负债务，或者病痛缠身且没有保险，抑或是从事随时待命的工作，那么充足睡眠与积极思考都是奢望。更何况，我们也不愿意了解达到网红健康标准所需的条件：私人教练、营养师、私家大厨……即使我们理智上明白，一切并不像她们表现的那么容易，但这种看似轻松的生活仍十分诱人。这是一种把个人发展当娱乐的表现。

通过自我提升实现个人进步，是一种带有强烈美国印记的冲动与动机。在新大陆，人们渴求打破社会等级的束缚。这种态度在超验主义思想家的著作中得到了充分体现。爱默生花了大量笔墨阐述自立（如今称为"自我修炼"）的重要性，鼓励读者"养成自己帮助自己的习惯"。

他的名言"模仿就是自杀",甚至可作为反社交媒体的口号。梭罗推崇斯巴达式生活方式,包括每天只吃一餐的习惯。对超验主义者而言,自我提升是一场贯穿终生的艰苦修行,涉及精神与哲学的深度探索;而如今,我们被提供了一条平坦捷径——只需购买某些产品,就能过上理想的生活,并向他人展示你的成果。

几乎每个人都能找到适合自己的网红或意见领袖。帕特罗的品牌在一定程度上满足了人们的窥探欲,前提是你负担得起价值 90 美元的维生素或 4500 英镑的"周末疗愈"门票。她的个人网站简直是她所钟爱的药水与软膏的百科全书。访问这个网站的人中,有多少在浏览商品,就有多少人带着厌恶或至少嘲讽的态度在围观。这种分裂性正是娱乐的一部分,而帕特罗本人对此心知肚明。

相比之下,一些名人试图将她们的生活方式帝国建立在一种包容性(或看似包容)的基础上。如果说帕特罗是身穿名牌、开豪车上学的风云女孩,那么克丽茜·泰根[1]则凭借玩世不恭的网络形象和充满罪恶感的食谱,成为名人中的"酷女孩"。她喝啤酒,吃垃圾食品,毫不避讳地调侃自己的名人朋友。但她们的轨迹是一致的:她们及其团队正致力于将"女性友谊"打造成一种营销策略。她们想做你无话不谈的好友。泰根曾向粉丝征集约会恐怖故事。

---

1 克丽茜·泰根(Chrissy Teigen,1985—),挪威与泰国混血模特,曾出版三本食谱。

帕特罗在个人网站上开设提问箱，粉丝可以询问各种问题。例如，如何拍出好看的素颜照？答案是使用网站上的微晶磨皮焕颜去角质膏（售价 125 美元）。又如，如何像婚礼那天的帕特罗一样闪闪发光？答案是使用网站上的护肤套组（售价 185 美元）。这些看似亲密的互动，其实就是一次次隐秘的销售转化。柜姐和雅芳小姐[1]已被你的名人密友所取代。

　　网红之间的纷争引发了何为"正确"网红的讨论。美食作家艾莉森·罗曼的食谱专为社交媒体而设计。她在接受《新消费者》采访时，特意点名了另外两名生活方式网红——泰根与近藤麻理惠[2]。她批评她们所开创的大众市场产品线背离了初衷。她的批评对象恰恰是两位亚裔女性，这让身为白人的她受到了应有的批评。她看似是在捍卫某种虚假的纯洁性——没错，我也在尝试将自己商品化，但我不是那种拥有百万粉丝的大号，那样就不酷了。这种"背离初衷"仿佛《四个毕业生》[3]年代的遗迹，那时人们还可以对金钱至上的行为表示不屑。如今，我们心甘情愿地拍开箱视频、参与接力挑战、标记品牌，无论是否有报酬。随着零工经济逐渐吞噬我们的闲暇时间，非计费时间

1　指上门推销美妆产品的女性直销人员。其名称来自世界第二大直销公司雅芳。

2　近藤麻理惠（Marie Kondo，1984— ），日本专业整理师、作家，代表作《怦然心动的人生整理魔法》已在 30 多个国家出版。

3　*Reality Bites*，1994 年上映的美国电影，讲述了大学时代的两位好友走入社会后各自面临的理想与现实的碰撞。

的概念几乎已成为历史。珍妮·奥德尔在《如何无所事事》中写道："我们甚至将自己的闲暇时间提交上去，进行点赞量化评估，像盯着股市一样不断查看它的表现，以此监控我们个人形象的持续发展。"闲暇时间"成了一种经济资源，我们再也无法为无所事事提供正当理由"。

男性当然也有自己的生活方式，但生活方式网站几乎清一色面向女性。斯蒂芬·科尔伯特正是从这一点出发，虚构了假想品牌"科韦顿之家"。在恶搞视频里，他赤脚懒散地坐在一张摆在香蒲丛中的沙发上，甚至请来帕特罗助力一款定价高达 900 美元的浴球。网络时代的商品营销擅长将我们的妒忌情绪货币化，让我们相信只要拥有名人所使用的产品，就能为自己的生活加持某种护身符效应。女性自出生起便承受更多压力，被要求看起来完美、表现得完美，因此女性的羡慕情绪更易被激发，也更易被利用。但情况正在发生变化。汤姆·布雷迪是男性生活方式网红兴起的典型。他通过《TB12 法则》(*The TB12*)和同名补充剂品牌，向热衷健身的男性推销缺乏科学依据的健康理念。他的理念未必可靠，但完美身材和顶级运动员身份让他成为健康生活方式的活广告。他就是"男性巅峰身材"[1]这一迷因的化身。在另一端，极右翼电台主持人亚历克斯·琼斯售卖补充剂，他的健康理念同样荒谬。他的"超

---

1 2016 年开始流行于美国网络的迷因，起源于美国喜剧演员、主持人史蒂文·克劳德（Steven Crowder）发布的一条推特，推文中是一张俄罗斯综合格斗运动员费奥多尔·埃密利亚年科（Fedor Emelianenko）身穿短裤、赤裸上身的照片，附文"这是理想的男性身材"。这条推文后经无数博主二创，流传甚广。

级女性活力"滴液与另一位女性生活方式网红的"月光果汁"几乎一模一样。两者都以"神经元速度"等荒唐的承诺，向完全不同的受众宣传性别本质主义、年轻与能量的综合价值。

理想状态下，网红承诺提供一种补偿机制或解决方案。健康和财富——网红的两大法宝——本质上稀缺且分配不公，却被包装成可以轻松兼得的东西。健康无法被直接购买，而仅有健康、缺乏创造财富的手段也很难令人满足。作为偶尔拥有其中之一、从未同时拥有两者的人，我发现即便明知这是错觉，也难以完全抵挡其诱惑。网红将结构性问题个体化，用"选择正确""花得其所"来掩盖系统性的失衡。正如莫莉·杨所言："他们兜售的是终极奢侈品——自我陶醉。"

产品是企业的核心。无论被动浏览还是主动发帖，我们都在被出售和出售自己。这一过程呼应了理查德·塞拉和卡洛塔·斯库尔曼于 1973 年创作的视频艺术作品《电视生产人》（de rigueur），当时贬低电视是一种潮流。以下是其中一段滚动文字：

"商业电视一分钟就能把内容传达到 2000 万观众那里。在商业节目中，观众为出售自己的行为付费。消费者本身被消费。你就是电视的产品。你被交给真正的顾客——广告商。他消费你。观众不对节目制作负责。你就是最终产品。"

既然你是产品，就必须不断改良，像番茄酱一样成为拥有新标志的"全新改良"款。即使你只是毫无名气的普通人，也可能已经开始考虑美化家居环境，提高度假预算，多点几杯适合拍照的拿铁，毕竟一切已不再发生于真空中。我们处于持续自我监控的状态，仿佛自愿踏入了一座全景式监狱，我们的消费选择和个人习惯前所未有地公开且具有象征意义。你去博物馆是为了一群陌生观众。你购买的东西是理想中的自己会拥有的物品。这个过程的隐秘之处在于，它几乎与建立联结和表达自我的乐趣无异。实际上，你被要求不断攀登成功的阶梯，跟上理想化身的非人道速度。享乐跑步机[1]配速拉满吧！

我无意否定社交媒体被正确运用的情况，它确实能建立联结，组织活动，让少数群体的声音被听到。标签行动主义[2]固然有其局限，但从"#黑人的命也是命"到"#MeToo"，这些运动都得益于互联网消除地理和区域隔阂的能力。许多作家和喜剧演员也正是在推特崭露头角，尽管推特存在许多雷区，但它带出了一批最有趣、最犀利的人才，让那些无法通过传统渠道亮相的人有了被看到的机会。名人文化与自我提升文化贯穿了整个社交媒体的发

1　hedonic treadmill，心理学理论，最早由社会心理学家菲利普·布里克曼和社会学家唐纳德·T. 唐纳德于 1971 年提出，主张人们会在努力实现当前愿望后获得一段时间的满足，但很快又会追逐新的愿望，长此以往，陷入欲望的恶性循环。

2　指利用社交媒体 # 字标签功能进行社会活动的互联网行动主义。

展历程。然而，在我撰写这篇文章时，这种现象似乎正在发生变化，行动主义的力量正变得更强、更有组织。网红不再是充满斗志的相对底层群体，而是许多人想要推翻的上层阶级。如同以往，当我们适应了一种新媒介，关于其影响和使用的有益质疑便会随之而来。真人秀初兴之时，我们曾惊叹于它带来的人类堕落的原生态直播；而现在，美版《单身汉》和《贝弗利娇妻》早已成为经过精巧剪辑和编排的文化产品。在最初惊讶于"竟然有匹马在屏幕上径直向我们奔来！"和"这些人竟然在镜头前生活！"后，类似的情景不可避免地被复制到社交媒体上。人们会因为讨厌某些网红而关注他们，就像带着厌恶情绪看垃圾电视节目一样。网红揭秘账号专门记录完美照片背后的尴尬出糗瞬间；在 Blogsnark 和 GOMI[1] 等网络论坛上，网红的帖文和生活被一一剖析，讨论楼盖得比乔治·艾略特的小说《米德尔马契》还长。但对网红本人来说，黑粉也是粉，黑红也是红。

网红泡沫尚未破裂，却已经开始抖动。在社交媒体上，带货行为与单纯沟通之间的区别变得愈发理论化。在久经沙场的用户看来，推广帖的直白程度堪比"超级碗"广告。我们不会相信软饮代言人对其所推广的饮品怀有真实的热

1　Blogsnark 为 Reddit 论坛上的一个版块，主题是吐槽网红让你感到不能容忍的方面。GOMI 是一个致力于吐槽网红的网站，全名为 Get Off My Internets（滚出我的网络）。

情，同样，我们也开始用怀疑的眼光看待职业网红。这一趋势已然显现：各大公司正在捧所谓的"微网红"，这些人的账号粉丝较少，显得更可信。当一线明星都在努力尽可能展现"普通"时，为什么不雇用一个真实的普通人呢？《大西洋月刊》的一篇文章指出，渴望成为网红的普通人甚至开始发布虚假的推广内容。一位年轻的预备役网红说，这可以帮助自己建立"街头信誉"。这篇文章发表后，引发了"难道无所尊重吗"的谴责，人们反对这种突破界限的尝试，似乎困扰我们的不是赞助内容本身，而是这一行为与名声的脱钩。

不过，随着小网红与大网红之间的差距不断扩大，同质化现象似乎陷入了停滞。某些重大事件，例如新型冠状病毒感染、"黑人的命也是命"运动，正在粉碎网红编织的幻象。当人们被困家中，失业率创下新高，我们有了更多的时间去关注名人，比如他们的隔离居所。然后，我们发现他们住在与《寄生虫》中的豪宅极为相似的地方。账号 @ 野生网红以类似《美国家庭滑稽录像》[1] 的风格，展示人们为了拍出完美照片而经历的意外瞬间，比如跌落悬崖或被海浪击倒。在转向热点事件之后，该账号开始揭露网红或自诩网红的人如何将关闭的门店、"去他妈的警察"

1　美国广播公司（ABC）旗下的综艺节目，开播于1990年，深受观众喜爱，至今仍在播出。内容来自美国人用摄影机拍摄的搞笑家庭日常，通常为家庭成员的糗事。

涂鸦，甚至抗议活动作为打造内容故事感的背景板。亮粉色背景墙或精心布置的背景画一度是他们的首选；如今，它们被防暴警察的队伍所取代。网红借此彰显自己的社会意识和觉悟，或者仅仅为了与正在发生的事情产生一点关联，抗议活动的照片大量涌现。即便组织者警告说，展示抗议者的面孔可能会使他们面临法律风险。在这种情况下，表现出对某个事业的支持反而可能对它造成伤害。

似乎一切都可以转化为生活方式内容。在网红的世界里，受赞助的婚礼、怀孕派对、出生庆祝已平淡无奇。2019 年，时尚达人玛丽萨·富克斯的求婚计划走红网络。这场求婚究竟是私人生活与真实浪漫中未被商业玷污的最后一块净土，还是为了吸引潜在广告商而精心策划的项目（名称是"通往婚姻的旅程"，她的粉丝则被称为"大家庭"），目前尚不明确。对此，我并未感到震惊，反而觉得它更像是一场喜剧，而非对神圣婚姻的亵渎。一年后，当我看到隔离生活成为创作内容时，眼中的讥诮又少了几分。或许我不应该感到惊讶。一夜之间，似乎所有人都在煮同样的食物，流行食谱层出不穷。抖音上的青少年长得极为相似，穿着一样的扎染运动服，跳着同一支舞。在我十几岁时，和他人一样被视为最无聊的事。而现在，人们像复制品般伴着同一段旋律在我的手机屏幕上蹦跳。詹妮弗·洛佩兹在跳；我的朋友也在各自的单身公寓里跳。世界大同了。

明星在直播平台上对我们说："我们一起度过。"但本已触目惊心的种族问题和经济不平等在疫情中愈发凸显。基础行业的工作人员被要求冒着生命危险出门工作，特权阶层则安坐家中享受送货上门服务。正如阿曼达·赫斯在《名人文化正在燃烧》（"Celebrity Culture Is Burning"）中所写："名人是功绩主义的代言人；他们代表着天赋、魅力与勤奋可以通往财富的美式梦想。可当城市封锁、经济停滞、死亡人数攀升，每个人的未来都被冻结在自己拥挤的公寓或豪华别墅中，阶级流动的美梦随之消散。贫富差距从未如此赤裸。"那些让我们选择性参与网红生活的平台，反而成了一种负担。我们开始痴迷于他们的生活环境、泳池、庭院和步入式衣橱，以及他们的失言——有时是字面意义上的失误。盖尔·加朵[1]坦言，长达（？）6天的隔离"让我充满哲思"。随后，她邀请明星朋友用慈善捐助的形式接力演唱了一首跑调的《想象》[2]。最终，受益者为零。

赫斯指出，名人"习惯于利用自己的影响力来'唤起意识'，服务于对公共福祉可有可无的议题，以此换取赞誉"。但这种反射性的行动主义不再奏效，反而容易招致批评。许多网红尴尬地将行动主义融入自己的形象叙事，

1　盖尔·加朵（Gal Gadot, 1985— ），以色列演员、制片人，因在 DC 扩展宇宙中扮演神奇女侠而广为人知。

2　由约翰·列侬创作并演唱的著名歌曲，歌词立意在于反战、消除隔阂。

或者在个人简介中加上没有依据的"＃活动家"标签。过去，个人立场可以是模糊的，例如"我是一个喜欢养植物的女孩"或"我有12块非常明显的腹肌"。但现在，人们需要明确回答自己究竟认可什么、支持什么。奖励肤浅内容的媒介难以造就具有思想深度的内容创作者，也不允许人们用最朴素直接的方式表达团结之意。一个典型例子是"黑暗星期二"事件，这是由音乐行业的两位黑人高管布里安娜·阿杰曼和贾米拉·托马斯发起的"＃演出必须暂停"活动，旨在促使业内反思自身是否真正支持黑人社群。很快，社交媒体被黑色方块覆盖，有人甚至加上了"＃黑人的命也是命"标签。这种行为被质疑具有一定的表演性质，背离了活动的初衷。标签是向抗议者传递实时信息的重要渠道，大量的黑色方块帖干扰了信息的正常传播。发帖者是盟友、跟风者，还是虚伪的表演者？在社交媒体之外，他们又做了什么？人们开始搜寻他们姿态背后的破绽。已被视作某种白人女性主义象征的艾玛·沃森，在发布黑色方块时为了匹配账户的整体美学，加上了细白边框，因此遭到猛烈抨击。真正严肃的议题被滤镜化、做成迷因，只为在社交媒体的鱼缸中获得关注。这令许多真正的活动家感到挫败。

　　技术本应颠覆旧秩序。算法高深莫测，看似随机，且与传统等级观念没有什么关联，但无可避免地反映了社会固有的偏见。抖音采用人工审核员来决定谁能在"猜你喜欢"页面升至顶端。美国网络媒体"拦截者"（The Intercept）获取的内部文件显示，审核员按照指示将那些看上去贫穷或缺乏吸引力的人往后排。一个人的净资产可能不会在短视频中直接体现，但平台可以通过控制其呈现方式来影响效果，例如隐藏那些"拍摄环境简陋破旧"的内容。我们以为得到了民主，实际上却落入了封建式的樊笼，没有古雅典的广场，只有被护城河围绕的城堡。当吉文森造访 Instagram 办公室时，她了解到这个平台的算法"会让你看到更多你本就喜欢的东西"，无论是憨态可掬的动物、孟菲斯风格的家具，还是蕨类植物。而那些与你意见相左、富有挑战性或前沿的内容则更难出现。如果你只想关注萌宠或精美设计，这种算法看似合理，但与探索精神背道而驰。理论上，互联网应当鼓励无限探索；而在实践中，它更像一个大卖场，充斥着越来越多的同质化商品。

我们对网红日益增长的质疑反映了我们对各类机构的不信任——从政府到大众媒体，再到金融机构。网红从闯入者演变为守门人。他们最初是我们眼中反叛的自由思想者，后来是幽默睿智的导师，现在则成了需要被推翻的体制代言人，或者至少是需要被质疑的对象。粉丝与博主之间的社交契约——"我关注你，你娱乐／启发／帮助我"——变得更加复杂，但网红依旧手握权力。在期待他们利用自身影响力时，我们承认了话语权的重要性；在指责他们做得不够时，我们再次确认了他们的权力。毕竟，取关一个不重要的人，你不会在意。

审判安娜

在纽约刚过去的夏天里，一位女士的时尚宣言成了所有人谈论的话题。而且这次的她不是演员、模特或贝弗利娇妻，而是一名骗子。她就是安娜·索罗金，又名安娜·德尔维，被称为"苏荷区骗子"。安娜被控假扮成德国富豪继承人，骗取企业、银行及一名密友在内的个人，共计27.5万美元。她的故事已被网飞和家庭票房电视网改编成影视剧。[1] 她的审判可以被视为这个"打造微名人"时代的象征。Instagram 账号 @ 安娜·德尔维法庭造型（@AnnaDelveyCourtLooks）详细记录了她在庭审中的着装，并标注了服饰品牌。

我时常有一种奇怪的心理，对诈骗者和受骗者心生某种嫉妒。我想这与一个事实有关，在个人话语权极其微弱的媒体环境下，有时你唯一的筹码就是发生在自己身上或由自己引发的离奇事件。素材越离奇，转化为有价值的知

1　分别为《虚构安娜》（*Inventing Anna*）和《忽悠世代》（*Generation Hustle*）。

识产权的可能性就越大。注意力经济奖励极速狂飙的叙事，用病毒式传播推着你向前。抱歉，约翰·厄普代克[1]，今天已经没有人愿意读你那些温柔的顿悟了。

以上观点在安娜的案例中得到了验证，那些被她欺骗的受害者也因此获得了名声。与她相处融洽的豪华酒店大堂经理内夫·戴维斯成了剧集《虚构安娜》的顾问。《名利场》编辑蕾切尔·德洛阿什·威廉斯[2]将她和安娜的关系写成了《我的朋友安娜》一书。鉴于诈骗者的"第二人生"，我们很难断定安娜出狱后不会再次成名。[3]

吸引我们的不仅仅是安娜。从伊丽莎白·霍姆斯[4]到弗莱音乐节，再到电影《舞女大盗》[5]，我们正处于骗子的"文艺复兴"时期。这是社会状况恶劣的表现，源于极端的经济不平等和注意力经济的兴起。对于纪录片制片人来说，这是丰富且可挖掘的矿脉。而且，当诈骗者是女性

---

1 约翰·厄普代克（John Updike，1932—2009），美国小说家、诗人，擅长描绘中产阶级焦虑、欲望与复杂情绪。他的"兔子"系列精准捕捉了个人与社会变迁的微妙关系，展现了对美国人性格的细腻洞察。

2 威廉斯是安娜的朋友之一，也是受害者。在一次奢华的摩洛哥旅行中，她被骗了大量金钱。

3 安娜在 2021 年因表现良好提前出狱，但不久后因违反签证规定而被美国移民与海关执法局拘留，2022 年改为家庭监禁。出狱后，她仍坚持自己无意欺诈，并表示希望利用自己的名声开展新项目，包括发起艺术展览、售卖与其身份相关的 NFT 作品。

4 伊丽莎白·霍姆斯（Elizabeth Holmes，1984—　），2015 年创建血液检测公司希拉洛斯（Theranos）。该公司号称凭借尖端技术，只需几滴血液便可进行健康检查，一度成为生物科技行业的独角兽。2022 年她因欺诈罪被判处 11 年 3 个月监禁。

5 *Hustlers*，2019 年上映的犯罪剧情片，改编自《纽约》杂志的一篇非虚构文章，讲述了一群脱衣舞女郎利用金融危机后华尔街客户的弱点进行诈骗的故事。

时，时尚便成了骗局中的重要一环。她们的故事不仅令人兴奋，还引人深思。这些女性如何利用时尚为自己的骗局服务，以及风格本身是否也是一种骗局。这一点在法庭上展现得尤为明显，无论是否有罪，她们都巧妙地利用时尚让其他人相信自己所讲的故事。

法庭向来是将风格作为一种声明的"舞台"，是红毯的反面。法庭时尚的追随者并不希望通过着装脱颖而出，登上"最佳着装"榜，而是借助着装融入环境，营造出一种清教徒式的克制，暗示自己不可能有罪。对某一领域的着装规范缺乏了解可能会被视为有罪的证据，但如果对这些规范了然于心，也可能意味着事情并不简单。这是一条极其微妙的界线，尤其对女性而言。

威廉斯被骗走了 6.2 万美元，远高于她的年薪。她在《名利场》发表文章，详述安娜为扮演继承人而选择的品牌组合——思琳太阳镜、日默瓦行李箱、古驰凉鞋、苏博瑞帽衫，以及黑色运动服等平价便装。她写道："安娜展现出一种慵懒的奢华。"时尚作家蕾切尔·塔什吉安在《车库》杂志上提出了一个反直觉的观点：安娜的穿衣风格虽然糟糕，使她看起来像个"邋遢鬼"，但这反而有助于她扮演继承人。真正的有钱人并不在意外表。"她的穿着看起来不值 100 万美元，而这正是她看起来像拥有 100 万美元的原因。这与马克·扎克伯格的逻辑相似，他认为无论是智力还是经济实力，都允许自己穿着帽衫工作。"

安娜的风格确实有些不对劲，仿佛她把财富、热门品牌和时髦设计放进谷歌翻译，最后生成了一个缺乏细节的东西。她似乎在模仿奥尔森姐妹那种运动裤配古驰乐福鞋的怡然自得，试图破解松弛富家女风格的算式。在某种程度上，她确实捕捉到了一类有钱人的特质，他们有能力以不修边幅的模样示人，尽管那一头乱发经过了萨莉·赫什伯格[1]的精心打理，而那件旧衣服则来自巴黎世家。但安娜的模仿并不成功，她打扮得相当俗气，仿佛下一秒就会在老工业区的过气夜店里下单整瓶服务[2]。作家阿曼达·马尔认为，安娜的终极败笔在于发型——不是顶级发型师刻意设计的凌乱，而是发型师的失误。那头"染色糟糕、狗啃似的枯草"与富家女讲究生活细节的形象不符。

外表对安娜来说至关重要。据报道，她非常在意自己的公众形象，甚至希望电影中饰演她的演员是珍妮弗·劳伦斯或玛戈·罗比。她有意识地将法庭转变为"全场紧迫"[3]时尚战术的第二阶段。她似乎把自己视作事业转型期的明星或离婚后准备复出的名人，迫切需要全新的形象。据《纽约邮报》报道，安娜希望出庭时的穿着"不会

1　萨莉·赫什伯格（Sally Hershberger，1961—　），美国著名发型师，为梅格·瑞安（《西雅图夜未眠》女主演）设计了标志性的碎发造型。

2　高档酒吧、夜店或类似场所提供的特色服务，允许顾客购买整瓶酒，而不是按杯点购。

3　篮球比赛中的一种防守战术，在对手传球前后，紧盯对手，对其施加压力。

让人联想到'囚犯'"。当律师递给她一条安·泰勒[1]连衣裙时，她甚至泪流满面。她请来了专为名人设计造型的阿纳斯塔西亚·沃克，这位造型师曾为同样经历风波的考特妮·洛夫设计过出场造型。安娜从不掩饰这场转变背后的动机。她的律师托德·斯波德克在邮件中告诉《GQ》杂志："庭审时的穿着对安娜来说极为重要。风格是安娜事业与生活的核心，也是她身份的一部分。我希望陪审团能看到她的这一面，所以我们请了一位造型师来帮忙挑选合适的服饰。"

沃克改造了安娜邋遢的伪富豪风格，为她挑选了 Miu Miu 和维多利亚·贝克汉姆的经典中性色或黑白色套装，搭配她标志性的超大款思琳眼镜和黑色贴颈项链。最终的造型既优雅，又隐隐透出一丝即将脱缰的混乱，仿佛是一个试图伪装成朝九晚五上班族的逃犯。她们操弄着极端的意象，光明与黑暗，阴谋家与圣人。在某个更大胆的日子里，安娜穿了蛇皮裙；另一天则是白色蕾丝裙，这件衣服通常让人联想到婚礼或初次领圣餐，而非婴儿的第一次定罪。账号 @安娜·德尔维法庭造型评论道，那天的她"看起来像真正的天使"。但这些选择过于直白。塔什吉安在《GQ》上讽刺道："只有有罪的女人才会认为，在庭审最后一天穿白色蕾丝裙能让她看起来无辜。"无论出于什么

---

1 Ann Taylor，美国女装品牌，以轻松、优雅的风格见长，价格亲民。

动机，这些造型战术未能奏效：德尔维被判处四至十二年监禁，出狱后将被驱逐出境。

斯波德克告诉《纽约邮报》："我们尽力传达'她是一位有抱负的女性企业家'的信号，让她看起来时尚很重要，因为从我们的立场来看，她并没有欺骗任何人。她的风格有助于说服人们帮助她。"他说得没错，安娜的风格确实是她魅力的一部分，但他忽略了她正是利用风格行骗的。她只需在一定程度上（半正式地）打扮得体，就能被允许进入自己向往的任何空间——高档酒店、私人会所等。而对于那些寻找投资对象或合作机会的人来说，她看上去也足够"真实"。

安娜·德尔维的法庭造型备受欢迎，甚至成为当年万圣节的热门装扮之一。艺术家辛西娅·塔尔梅奇[1]创作了名为"安娜·德尔维的四套法庭造型"的作品。该作品在伦敦地铁的皮卡迪利广场站展出，以一扇老式更衣屏风为基础，上面绘制了代表安娜的各类符号——美国运通卡、亨利·本德尔[2]购物袋、高端酒店拖鞋（她的著名故事之一是入住苏荷区霍华德 11 号酒店[3]后逃单）。安娜正是通过这些元素营造出欧洲老钱的背景。时尚品牌的标志与象征家族世袭荣耀的纹章早已难分彼此，而她不过是顺理成

1　辛西娅·塔尔梅奇（Cynthia Talmadge），美国艺术家，其作品通常涉及当代美国文化中浪漫化的阴暗面和通俗文化，主要媒介是绘画、摄影和装置艺术。

2　纽约著名女性服饰精品店。

3　一家精品酒店，将斯堪的纳维亚前沿设计与超本地化意识相结合。

章地将二者合为一体，用时尚制造出假贵族身世。时尚能够将出身贫寒的俄罗斯小镇女孩包装成经营太阳能板生意的德国贵族。这是《嘉莉妹妹》[1]式的叙事，沉浸在城市生活中，待游出水面时，便是焕然一新的自己。

在塔尔梅奇的屏风后，安娜的法庭服饰被随意抛起、瞬间消失，形成癫狂的循环。那是只属于怪诞世界的画面，与雪儿·霍罗威茨[2]的智能衣柜所呈现的精致有序相反。一篇新闻稿写道，这些服饰"在无限循环中呈现出一种'歇斯底里'的犹豫不决，代表着我们所能触及的最接近安娜内心的部分"。塔尔梅奇告诉《艺术报》："人们对这个案件如此着迷，是因为它太贴近我们的生活了……作为年轻女性，我们时常与冒充者综合征作斗争，任何在创意产业中打拼的人都能在她身上看到自己的一部分。"

我们大多数人没有实施过安娜级别的欺诈，但对于从小镇到大城市的人来说，试图将小镇的笨拙自我融入大城市生活的经历并不陌生。在法庭开场陈述中，安娜的律师引用了《纽约，纽约》那句广为流传的歌词"你如果能在那里立足，就能在任何地方立足"，并将安娜的故事描绘为每一个城市新移民的成长轨迹。他说："凭借聪明才智，安娜创造了自己想要的生活。她不甘于只做旁观者，而是

---

1 *Sister Carrie*，美国作家西奥多·德莱塞（Theodore Dreiser）于 1900 年出版的小说，讲述了年轻女性嘉莉·梅尔霍尔从乡村到城市追求梦想的故事。

2 美国电影《独领风骚》的主角，她的智能衣柜是电影中的一个标志性元素。这个衣柜能通过智能程序来帮助她整理和搭配衣物。

要成为参与者。她没有坐等机会降临，而是主动创造机会。我们都能与此产生共鸣，每个人身上或多或少都有一点安娜的影子。"在他的描绘中，安娜成了一位平民英雄，仿佛是《欢乐音乐妙无穷》[1]中穿着苏博瑞帽衫的哈罗德·希尔教授。安娜不完全是罗宾汉，但她行骗的对象主要是银行、私人飞机运营商和豪华酒店等，这些都是大众难以共情的对象。

暂且不谈我们身上是否有安娜的影子，但我们大多都认识几个低配版的骗子。也许是你所在行业中的某个人，他假装拥有根本不具备的知识，并凭借这份无知的自信一路高升；也许是社交媒体上某个受欢迎的网红，其人设根本站不住脚。很多人也曾刷信用卡购买"得体"的衣服，同时拖延学生贷款，甚至快付不起房租。"千禧世代"文化鼓励我们发展副业，仿佛这是一种既有趣又能赚钱的爱好，而不是一种严峻的必要性。多少人曾像安娜一样，将衣服积累得如同外语音节，试图借此披上自信，并假装自信直到成功。又有多少人声称靠自己的努力取得成功，但其实一路上都有父母或配偶在背后兜底。再看看那些初创公司的"魅力创始人"，他们往往只是被风险投资人吹大的充气玩具，风一吹就瘪了。

1　*The Music Man*，美国喜剧电影，讲述一个职业骗子假扮音乐教授哈罗德·希尔，来到艾奥瓦州小镇，准备组建一个乐队骗取团费后离开，却爱上图书馆馆员的故事。

希拉洛斯创始人霍姆斯的欺诈行为被《华尔街日报》记者约翰·卡雷鲁曝光后，公众的关注点很快集中在这家公司所宣扬的伪科学上。霍姆斯大力推崇的爱迪生血液检测仪根本无法运作，输出的全是虚假数据。纪录片《滴血成金》播出后，讨论开始转向霍姆斯凌乱的头发、拙劣的眼妆、只扣了一半的西装，以及她那故作深沉的嗓音。我们都以为自己不会被她骗到，不会相信她那听起来过于完美的承诺，总觉得自己一定能看出破绽、及时抽身。最让我感兴趣的是关于性别动态[1]的讨论。有人指出，霍姆斯穿着打扮中的不协调在某种程度上暗示了她在行骗，而女性一眼就能识破。一条推文写道："这有力证明了有权势的男性对女性一无所知。他们被霍姆斯那看似端庄迷人、实则诡异的形象迷住了，而她从妆容到发型分明都在高喊'这里有问题'。"另一条推文附议："如果硅谷由女性掌权，早就有人识破她了。她的妆容和发型看似不错，实则越看越不对劲，几乎达到了恐怖谷效应的程度。"

讨论的焦点从"她是怎么用那台疯狂的血液检测仪骗过我们的"转移到"她是怎么用那样的眼线／发型／西装骗过我们的"，仿佛只要注意到霍姆斯不擅长所谓"女性应该掌握的基础技能"就能避免受骗。你可以谴责霍姆斯

1　指在社会或文化背景下，性别角色、权力关系和互动模式之间的复杂关系，包括男性和女性在各类情境中如何相互影响、如何表现和被表现，以及这些关系如何影响个人和群体的机会和待遇。

的所作所为，但也应该意识到关于她外表的讨论蕴含着令人不适的性别歧视。诚然，霍姆斯至今尚未以第一人称讲述自己的故事，除了外貌，她留下的信息并不多。但将"时尚品位不佳"与"人品不佳"画上等号，那真正的问题或许并不在她身上。

在为 The Outline 撰写的文章中，阿曼达·马尔研究了霍姆斯的服饰和妆容所透露出的线索。与常见的看法不同，她认为霍姆斯造型上的混乱或许是刻意为之。她写道，略显不适的发型和妆容"似乎表明她明白，作为一个相对年轻的女性，人们对她的外表有着怎样的期待。她不能让自己难看到让男人失去兴趣，也不能美到让男人怀疑她的智力。于是，她染了头发，故意保留分叉和干枯的发梢。她的金发正是问题所在，金色与原本发色的分界清晰可见，而高级的染发技术本应掩盖这些痕迹。她总是化着同样的妆，似乎有意让人注意到她并不擅长化妆。她为自己的外表制造了种种本不存在的小瑕疵，比如让本可以轻易弄平整的头发保持毛躁，把颜色柔和、易于涂抹的口红涂得稍显歪斜。她站在那里，美丽而严肃"。霍姆斯遵循了顺性别异性恋女性的外貌规范，但并未严格执行。换句话说，在主要由男性投资人、男性风险投资人和男性科技记者组成的观众眼里，她看起来像顺性别异性恋女性的一员。她的造型暗含对"服美役"的反感，但仍遵守"看起来得体"的基本原则。

霍姆斯最初之所以能吸引公众目光，很大程度上是因为她的外貌和时尚品位。"女孩老板"需要一个新面孔，而霍姆斯恰好是最佳人选。她拥有符合主流审美的瘦削身材和白人女性面孔。相比有色人种和大码女性，媒体对她表现出更多的包容。在我看来，她是"女性空降兵综合征"的受益者。这个短语是我自创的，灵感来自《穿普拉达的女王》中的时尚女魔头。她在选题会上讽刺地问："就连一个可爱苗条的女空降兵都找不到？我提的是什么登天的要求吗？"符合狭隘审美标准的女性往往更容易受到追捧，不需要经过太多审视。我们还没来得及了解她们，她们就已经被送上了神坛。这种现象在男性主导的领域尤为明显，如商界、军事界和科技界。

对许多人来说，霍姆斯就是那个空降兵。在媒体的报道中，她的时尚风格几乎总是核心议题。《纽约客》曾特别提到她那身乔布斯式的黑色高领毛衣和黑色裤子。希拉洛斯的董事会成员、美国前国务卿亨利·基辛格在《时代》杂志上对霍姆斯不吝溢美之词，称她"引人注目，超凡脱俗"。我敢打赌，你找不到任何一篇报道会这样形容推特前任首席执行官杰克·多尔西。

此外，霍姆斯身处的硅谷是一个时尚规则被颠覆的地方。在这里，辍学甚至比成功毕业更被视为一种荣耀。霍姆斯是斯坦福大学的肄业生，这在硅谷几乎等同于"下一个扎克伯格"或"女版比尔·盖茨"。当"颠覆每个行业"

成为默认姿态，穿衣规范与礼仪也就变得无足轻重了。安娜那种堆叠设计师品牌的混搭风格，在这个男性主导、厌恶琐碎的世界里毫无用武之处。于是，霍姆斯选择模仿男性科技巨头经典的、近乎去性别化的穿衣风格。2015年她在接受《魅力》杂志采访时坦言，自己与扎克伯格等男性创始人一样面临决策疲劳，对时尚没兴趣。她说："每天穿一样的衣服，就不必在这上面浪费时间。我把全部精力都投入工作中，并相信这能从我的穿衣风格中体现出来。"

除了刻意压低的嗓音，霍姆斯的穿着也在传递一种男性化的威严，与她"空灵"的外貌形成鲜明对比。正是这种矛盾感帮助她成为媒体宠儿。在自我包装美学上，她几乎达到了乔布斯的水平。她不仅邀请了著名纪录片导演埃罗尔·莫里斯[1]执导希拉洛斯的广告片，还请来了摄影师马丁·舍勒[2]为她拍摄公司官网的形象照。（莫里斯因揭露冤案的纪录片《细细的蓝线》而闻名，选择他来拍摄广告增强了权威性，这一决定可谓巧妙。）霍姆斯成功地将自己从一个不化妆、戴着厚框眼镜、喜欢圣诞丑毛衣的褐发女孩，转变为一种时尚符号。

和安娜一样，霍姆斯在出庭时也改变了造型，将乔布

---

1 埃罗尔·莫里斯（Errol Morris，1948—　），美国电影和纪录片导演，凭借《战争迷雾》获得奥斯卡最佳纪录长片奖。

2 马丁·舍勒（Martin Schoeller，1968—　），世界级人像摄影大师。

斯式穿搭换成了低调的西装，并搭配精心打理的卷发，看起来像青少年选美比赛的参赛者。媒体将这种转变描绘得仿佛是《窈窕美眉》[1]的结尾，"伊丽莎白·霍姆斯首次以飘逸优雅的波浪发型亮相"，某篇报道如此描述。政治记者奥利维娅·努齐在推特上写道："祝贺伊丽莎白·霍姆斯做了角蛋白护理！"霍姆斯的造型成为女性法庭着装的教科书式案例，精致的卷发、得体的西装、恰到好处的"青春感"，共同构建出一种视觉上的无辜。

人在许多情况下需要依靠穿着来达到特定目的，法庭时尚则是一种极具戏剧性的方式。在一个系统中处于弱势的人需要更多的策略来获取权力，时尚便是其中之一。对于接受审判的女性来说，通过着装改变形象往往至关重要。玛丽·安托瓦内特在法国大革命期间脱下了奢华的宫廷服饰，穿上了一条破旧的黑色裙子。这条裙子的下摆沾满了监狱地板上的污渍，与控方所描绘的腐朽王室形象形成鲜明对比。黑色在当时还被看作支持君主制的信号。卡罗琳·韦伯在《罪与美：时尚女王与法国大革命》一书中写道："即使面临死刑，玛丽·安托瓦内特依然通过着装来维持她的形象。"她在行刑前换上了纯白色长裙和梅子色高跟鞋，乘坐一辆敞篷马车前往断头台。沿途的群众注

---

1 *She's All That*，美国青春浪漫喜剧。男主角扎克与朋友打赌，要将不起眼的女孩兰妮改造成舞会皇后。在改造过程中，扎克逐渐对她产生了感情。舞会之夜，兰妮穿着优雅的红色连衣裙，惊艳亮相。

视着她的一举一动。她明知命运无法更改，却仍试图以优雅完成谢幕。

　　哪怕是在号称思想解放的 20 世纪 60 年代，女性与无辜形象的刻板印象仍占据主导地位。在"个人品牌"这一概念尚未形成时，查尔斯·曼森[1]已是这方面的高手。曼森家族利用时尚强化嬉皮士形象，并将其用作掩盖病态行为的盾牌。他们披着爱与和平的外衣，身穿如睡袍般的波希米亚长裙，顶着飘逸的长发。朗达·加勒利克在 The Cut 的一篇文章中将这种矛盾描述为"甜美青春与骇人暴力、战争与和平、爱与谋杀的结合"。她指出："曼森深知对立元素结合的力量。他将风格武器化，不仅体现在外在的时尚或潮流上，还涉及时尚的内在结构，即通过感染和复制实现自我繁殖。"在风格的帮助下，曼森家族如同嬉皮士文化的浮游生物，随着反文化运动的潮流波动，最终进入了更为富裕的波希米亚圈层。

　　曼森家族的琳达·卡萨比安[2]试图借助法庭上的形象，撇清自己与家族的关系——她在为检方作证，以换取豁免权。琼·狄迪恩[3]在散文集《白色专辑》中回忆了见到卡

1　查尔斯·曼森（Charles Manson，1934—2017），美国犯罪集团"曼森家族"的领导者，因策划并指挥了一系列残忍的谋杀案而臭名昭著，最著名的受害者之一是怀有身孕的演员莎伦·泰特。

2　琳达·卡萨比安（Linda Kasabian，1949—2023），查尔斯·曼森的追随者，也是曼森家族的关键人。她的第一手证词成为审判的转折点。

3　琼·狄迪恩（Joan Didion，1934—2021），美国作家，被誉为"新新闻主义"的代表人物之一。代表作《奇想之年》获得 2005 年美国国家图书奖。

萨比安的情景：卡萨比安身穿着蓝色囚服，头发中分，完全素颜，说自己想要一条金色或祖母绿的裙子，"要短，但不要太短"。曼森案的检察官文森特·布廖西认为卡萨比安原本准备的白色裙子太长且过于正式。狄迪恩深知时尚的诱导性，她在贝弗利山庄的一家高档精品店为卡萨比安挑选了一条裙子。这一行为似乎是对新闻伦理的一种默许松动。

卡萨比安的造型确实引发了不少关注。在一次新闻发布会上，她扎着双马尾，身穿波点连衣裙，看起来比实际年龄二十一岁还要年轻。《纽约时报》关于曼森案审判的报道提到，"双马尾和田园风连衣裙让她显得十分恬静"，她身穿"红蓝配色的裙子，坐在证人席上微笑"。这些造型似乎有意唤起对更古老时代的想象，与中世纪宫廷的价值观及拉斐尔前派[1]的审美暗自呼应，赋予她一种脆弱而空灵的女性气质，仿佛米莱画中的人物。

穿着具有特定时代风格的服饰，以此获取该时代性别政治的红利，是一贯奏效的策略，尤其在法庭上。2001年威诺娜·赖德[2]因在贝弗利山庄的萨克斯第五大道商店行窃而被捕。出庭时，她抛弃了惯常的颓废哥特风，换上

---

1 19世纪中期的艺术运动，继承浪漫主义，呼吁绘画应回到文艺复兴大师拉斐尔之前艺术的样子。

2 威诺娜·赖德（Winona Ryder，1971—　），美国演员，因出演《剪刀手爱德华》中的金而名声大噪。2001年被指控盗窃价值5500美元的服饰，因此暂停演艺事业，后在《星际迷航》《黑天鹅》等电影中以配角回归。

了一身五六十年代的少女风造型。她头戴发箍，穿着剪裁得体的套装，搭配彼得潘领子和浅黄色猫跟玛丽珍鞋，清秀可爱，像极了正在拍摄琼·塞贝丽传记片的方法派演员。"她或许是个小偷，"罗宾·吉夫汉[1]在《华盛顿邮报》上写道，"但她的品味无可挑剔。"《每日新闻》的描述更为直白："她看起来可爱且值得尊重，偶尔甚至显得有些无助。"不过，这份乖巧中仍保留了一丝叛逆，毛衣与裙子微透，胸罩和内裤若隐若现。尽管她的造型并非全部出自马克·雅各布斯的设计[2]，但她完美诠释了雅各布斯风格的甜美变种，也为安娜提供了极佳的学习案例。

赖德因重大盗窃和破坏财物被判有罪，但未被定罪入室抢劫。最终，她仅被判处缓刑、社区服务、罚款及接受心理咨询，处罚相对较轻。如果她是一位无名的有色人种女性，这样的结局几乎不可想象。她的着装、种族和社会地位使她显得更加无辜可信。（判决结束后，她出现在了马克·雅各布斯的广告中，多么奇妙的结尾。）

帕里斯·希尔顿和妮科尔·里奇[3]因分别被控鲁莽驾驶和酒后驾车而出庭时，显然借鉴了赖德的法庭造型，选择了端庄优雅的风格。希尔顿身着灰色西装，头戴灰色发

---

1 罗宾·吉夫汉（Robin Givhan, 1964— ），美国时尚编辑，首位获得普利策奖的时尚评论家。

2 她偷的衣服中包括马克·雅各布斯的作品。——作者注

3 两人因在真人秀《简单生活》中的表现而成名。在节目中，习惯了奢华生活的她们被安排到美国偏远的小镇体验生活。

箍，展现出与以往清凉夜店风格截然不同的形象；里奇则打扮得像巅峰期的奥黛丽·赫本，身穿小黑裙，搭配高耸发髻和超大太阳镜，仿佛一位落难少女。

我们也见过相反的情况：女性通过改变外表来营造权威感，试图展现出其实并不掌握的力量。在比尔·克林顿弹劾案中，莫妮卡·莱温斯基在大陪审团面前作证时，身穿沉闷的蓝灰色西装，佩戴珍珠项链，梳着蓬松的播音员式发型，试图展现一种她并不真正拥有的成熟与权威。这个曾被权力捕猎、利用的实习生，试图打扮成华盛顿权势人物的模样。林赛·罗韩[1]一向以时尚夜店装亮相，但她为出庭进行了形象改造，效果更为出色。她选择了剪裁利落的套装和简洁的白色裙子，搭配 21 世纪前十年流行的悬臂式高跟鞋。即便她并未真正悔过，至少看起来像是准备承担责任。此外，凝重的神情也暗示着她并不经常醉醺醺地走出夜店。唯一的叛逆迹象来自她那著名的美甲，上面印着小小的"去你妈的"字样。对此，她在推特上解释道："这与法庭无关，只是美甲模板自带的设计。"

那些把法庭台阶当作红毯的人常常遭到嘲讽。玛莎·斯图尔特因证券欺诈出庭受审时，裹着貂皮围巾，手拎爱马仕铂金包，因"过于华丽"而遭到猛烈抨击。吉夫汉在《华盛顿邮报》上指出，这款铂金包是无数人的梦中

1　林赛·罗韩（Lindsay Lohan，1986—　　），美国演员，因出演《天生一对》而走红，多次因酒后驾驶、毒品问题和违反缓刑规定而被捕。

情包，连候补名单都需要排队。"斯图尔特那款手工缝制的铂金包暴露了潜在问题，"她写道，"正是这种成功者的特权激怒了很多人。"《每日电讯报》称这身行头为"傲慢张扬的蔑视"，并透露斯图尔特在律师的建议下，将铂金包藏进了更大、更低调的黑色手袋中。尽管斯图尔特作为众所周知的百万富婆，完全负担得起顶级名牌，但这似乎并不重要。在法庭上，她的举止和外表都必须符合懊悔的样子。

与斯图尔特那种奢华吸睛的法庭造型最为相似的莫过于卡迪·B。在因涉嫌殴打两名酒保而出庭时，她接连展示了高端单品，包括铂金包、皮草、巴尼斯的深V套装。这些夸张的时尚宣言与案件本身一样引人注目。巴尼斯似乎很享受这些热议，在Instagram上发布了卡迪身穿其品牌套装的照片，并写道："有人会因穿得太好看而被起诉吗？"但并非所有人都认同这种高调的法庭造型。她的辩护律师约瑟夫·塔科皮纳对《纽约邮报》说"卡迪把每次出庭都当成了时装秀"，并暗示她的态度不够严肃。"这是一个被大陪审团起诉并面临重罪指控的女人，但她似乎只关心自己穿什么。总有一天，她会走投无路，只能求助于上帝。这不是一个尊重法庭的人该有的态度。"

卡迪在Instagram视频中回应了塔科皮纳的批评："所以，老兄，我该去哪儿买西装？H&M吗？"她在《压》的MV中以戏剧化的方式再现了法庭场景，仿佛是对这场法庭时尚风波的一种视觉回应。MV 中，法庭外粉丝高举标语，仿佛是来参加一场演唱会，而这位说唱歌手穿着全套名牌从人群中走过，气场十足。

在 Instagram 视频中，她还说道："如果我是个男人，你就不会在意了。"卡迪的反驳一针见血，我所讨论的例子都是女性，这并非偶然。像伯尼·麦道夫和比利·麦克法兰这样的男性[1]，几乎不会因服饰、发型或整体造型而受到同样的审视。（我甚至得上谷歌搜图，才想起麦道夫出庭时穿了什么；我却清晰记得他的妻子露丝在他被定罪后因手提铂金包而遭到批评。）人们对女性法庭造型的关注，反映了社会对女性一贯的偏见与要求：过度的奢华和自我表现常被视为有罪的信号。要想展现出毫无瑕疵的清白，女性需要把自己包裹在现代版的刚毛衬衣[2]中。

即便不坐在被告席上，女性也必须打扮成可信的模样。查妮尔·米勒[3]在回忆录《知晓我姓名》中提到，出庭作证前她曾上网搜索"女性法庭着装"，并试图在科尔士百货找到合适的衣服。在她看来，大地色调的毛衣最为妥当。最终她选择了一件"柔软、素净的"毛衣，"颜色

1　两位因金融诈骗而广为人知，成为现代美国金融丑闻的象征。伯尼·麦道夫（Bernie Madoff）是美国历史上最大的庞氏骗局的策划者之一。比利·麦克法兰（Billy McFarland）则因策划并执行了巴哈马弗莱音乐节而成名。

2　由粗糙坚硬的山羊毛制成的衬衣，在过去是宗教信徒常用来自我惩罚、表达忏悔的工具。

3　查妮尔·米勒（Chanel Miller，1992—　），美国作家、艺术家，2015 年斯坦福大学布罗克·艾伦·特纳强奸案的受害者。

像过期的牛奶",让她看起来"像是会借你铅笔的人"。《纽约时报》一篇题为《我如何学会让自己看起来可信》的文章中,伊娃·哈格贝里·费希尔讲述了她出庭指控前研究生导师性骚扰时对穿着的考量。她强调,即使不是公众人物,女性依然要谨慎地选择着装,因为这直接关系到她们的可信度。她写道:"我想让自己看起来得体,也想让自己显得值得信赖。"她详细描述了自己在庭审时所扮演的多重角色及其内在矛盾:"我要时刻准备着,让自己看起来既是个贫困的研究生又是个可靠的成年人。作为控诉方,我需要随时应对采访,并让人相信我不是为了出风头才做这件事。"最终,她选择了黑色高领毛衣和盘起的发型。

费希尔的着装不仅要帮助她融入与审判相关的各种情境,还必须消除任何可能引发负面联想的细节,这对西装外套和裤子的选择提出了不小的要求。她写道:"我不想看起来像人们想象中的受害者,不希望显得太过狼狈,以至于让人觉得我沉迷于受害者的角色,就像有些人暗示的那样。我也不想显得过于女性化,或者带有少女感,怕因此不被认真对待。我见过年轻女性是如何被对待的。但我也不能显得太有攻击性,像有备而来的煽动者。"所谓"正确"的形象应带有一种"不幸的无力感",同时"你要保持恰到好处的性感,让人相信你曾遭受骚扰,而不是主动发出邀请"。

在这些情境中,"打造可信外表"的重担不公平地落在像米勒和费希尔这样的幸存者身上。她们不得不努力让自己看起来可信，只为避免他人产生"错误"的判断。她们并不想要这样的聚光灯。对于那些不擅长经营形象或缺乏资源维护形象的人来说，这样的现实无疑更加艰难。正义或许不带偏见，但陪审团并非如此。

高跟鞋：
为父权制打扮

燃烧女子的凝视

紧身裤冒犯了谁

政治与时尚：女性现在赢不了

燃烧女子的凝视

以下事物曾被引用为女性凝视的例子：安娜·比勒[1]执导的电影、《暮光之城》系列、拉娜·德雷[2]的音乐、克丽丝·克劳斯[3]的写作、神话人物美杜莎，以及由性感男模出演的卡夫意大利沙拉酱广告。

我们对男性凝视（male gaze）并不陌生——我们要么是凝视者，要么是被凝视者，有时甚至二者兼具。这个词源自电影评论家劳拉·穆尔维[4]于1975年发表的文章《视觉快感与叙事电影》（"Visual Pleasure and Narrative

---

1　安娜·比勒（Anna Biller），美国导演，其作品通常结合怀旧美学与现代叙事，试图挑战传统性别角色和社会规范。最知名的作品是电影《自由万岁》（*Viva*）。这部影片融合了20世纪70年代色情片的风格与女性主义主题，讲述了一位年轻女性在性别歧视的环境中探索自我与权力的故事，曾获得多个电影节奖项，并引发关于性别与权力的广泛讨论。

2　拉娜·德雷（Lana Del Rey, 1985—　），美国歌手、词曲创作人，以其忧郁、浪漫且带有超现实色彩的音乐风格而著称。

3　克丽丝·克劳斯（Chris Kraus, 1964—　），美国作家，1997年出版的小说《我爱迪克》被认为是现代女性文学的重要作品。

4　劳拉·穆尔维（Laura Mulvey, 1941—　），英国电影理论家、导演，将弗洛伊德的精神分析理论引入电影研究，通过"窥视欲"和"认同机制"来探讨电影中的性别动态。

Cinema"），用来描述好莱坞电影中观看者与被观看者之间的严格二元结构。她将其总结为"主动的 / 男性，被动的 / 女性"。在穆尔维看来，好莱坞电影是一种被广泛接受的窥视形式。男性凝视的经典例子是镜头在女性身体上停留，将其划分成不同部分呈现给观众。男性凝视的多种形式出现在从希区柯克到迈克尔·贝[1]等导演的作品中。电影——和其他所有形式的视觉媒介一样——使我们习惯于这种凝视。当我在《后窗》中通过希区柯克的变焦镜头观看吉米·斯图尔特的邻居芭蕾舞女演员，或者在《变形金刚》中看到梅根·福克斯[2]将手撑在车上露出腰线时，我所感受到的刺激要么是以直男的视角打量她们，要么是与她们产生认同，体验穆尔维所说的"被看性"（to-be-looked-at-ness）。根据穆尔维的观点，观看的这种复杂交互作用是电影所特有的。

当然，男性凝视早在第一部电影点亮银幕之前，便已在视觉文化中占据主导位置。艺术评论家约翰·伯格在BBC节目《观看之道》中总结道："男人梦见女人。女人梦见自己被梦见。男人注视女人。女人注视着被注视的自己。"艺术中的典型例子是爱德华·马奈的《奥林匹亚》。画中，裸身女子摆出奥达丽斯克风格的姿势，更新了提香

1　迈克尔·贝（Michael Bay, 1965—　），美国导演，执导了多部受欢迎的动作大片，包括《变形金刚》系列。

2　梅根·福克斯（Megan Fox, 1986—　），美国演员、模特，因在《变形金刚》中扮演米凯拉而一举成名，常被描述为性感的象征。

的侧卧维纳斯形象。这幅画在当时引发了众怒，争议的焦点在于马奈的直白和现实主义处理——他将一个不入流的半裸女子与女神形象并列。相比升华，这幅作品更倾向于纪实性描绘，尽管它的核心追求与提香的作品一致。画中的姿势不是主动的，而是被动的。今天的自拍风格与这些姿势不无相似，许多人在社交媒体上将自己拧成奥斯曼宫女的姿态。艺术史中的经典形象仍占据主导地位：迷离的双眼、风景、食物的静物画。描绘方式几乎没有变化，尽管描绘者与展示平台早已不同。

关于典型女性，伯格写道："从童年开始，她就被教导和劝说要不断审视自己。她必须审视自己的一切，以及每一个举动，因为她在他人眼中的形象，尤其是在男人眼中的形象，对她是否能拥有世俗眼中成功的一生至关重要。"任何有女性生活经验的人都能对此产生深刻共鸣。男性凝视擒获了我们，而我们被迫将其内化，以至于在未被凝视时，它仍如紧身胸衣般束缚着我们。试图摆脱男性视角来看待自己，几乎是不可能的任务。

20世纪80年代末，也就是穆尔维发表关于男性凝视的文章十多年后，女性凝视一词开始流传开来。它是一个颇为微妙的概念。它仅仅是男性凝视的反面吗？只是将物化的视角转向男性？它是对男性凝视的全盘否定，还是完全超越这一概念的东西？它究竟是什么？是多罗西娅·兰格[1]作品中粗粝、去性别化的纪实视角，还是索菲亚·科波拉电影或佩特拉·科林斯[2]摄影中的凡士林柔焦镜头？又或者是像《魔力麦克》这样的电影所展现的性感舞女的性别转化版？（顺便提一下，这部电影是由男性导演史蒂文·索德伯格执导的。）正如电影学者卡特琳·本森－阿洛特所说："女性凝视往往通过'不是什么'来定义，而非通过'是什么'来定义。"毕竟，如果一个概念能包容如此多种定义，那是否意味着它实际上毫无意义？

在我看来，女性凝视或许是 21 世纪最大的美学幻象。深入思考后，我甚至开始怀疑它是否真的存在。我们生活在父权制下，习惯于通过男性凝视来看待自己和他人。如果我们所看到的一切都已被这种视角所塑造，那么我们真的还能彻底颠覆它吗？

我所看到的那些被称为"女性凝视"的视觉艺术作品，要么是物化他人的柔化版本或自我物化的转义，要么是风格压倒内容的空洞胜利。这类作品尚未超越拉康的镜像阶段——儿童第一次在镜中认出自我的那一刻。

所谓"自拍女性主义"在自我形象的展演中达到极致。诚然，描绘、展现并赞美自己，宣告自我的存在，确

---

1 多罗西娅·兰格（Dorothea Lange，1895—1965），美国摄影师，以其在大萧条时期拍摄的社会纪实摄影作品而闻名。

2 佩特拉·科林斯（Petra Collins，1992—　），加拿大摄影师、导演，作品常常融合了个人情感与社会议题，强调女性的多样性和力量，挑战传统的性别角色和社会期望。

实蕴含一种特定的力量。正如苏珊·桑塔格在《论摄影》中所写，"照片提供证据"，自拍的核心则是，没拍就等于没发生。但这份发生感只对自拍者本人有效。21世纪第一个十年中期，这种潮流达到高峰，艺术家纷纷效仿辛迪·舍曼[1]，以扮演的方式重塑自我。阿根廷艺术家阿马利娅·乌尔曼2014年的作品《卓越与完美》（*Excellences and Perfections*）对社交媒体文化进行了班克斯[2]式的恶搞。她用自拍创作了一场行为艺术，让追踪者见证她塑造典型洛杉矶网红的过程。她假装正经历极端改造，包括隆胸和极端节食。她因此被誉为智能手机时代的辛迪·舍曼，《每日电讯报》甚至提出疑问："这是不是Instagram上的第一件杰作？"然而，她的外形——金发、苗条、年轻、看起来像白人——使她的自拍看起来与埃米莉·拉塔科夫斯基或金·卡戴珊的别无二致。

这些艺术家和名人将凝视的目光转向自己，因此受到赞誉。当然，你有选择如何自我物化的自由——成为自己的维纳斯或奥林匹亚。最新科技使这一过程变得更加简单便捷，捕捉、编辑并无限复制自己的形象从未如此简单且成本低廉。过去，只有富人才能通过肖像画追求永生；而

1　辛迪·舍曼（Cindy Sherman，1954—　），美国摄影师、行为艺术家。她最著名的作品之一是《无题电影剧照》。这一系列由她在20世纪70年代末拍摄，通过化妆、造型和道具扮演好莱坞电影中的典型女性形象。

2　班克斯（Banksy），英国匿名涂鸦艺术家。作品通常包含对权力结构、消费主义、资本主义、战争、环保问题等社会议题的批评，带有黑色幽默和机智元素。

现在，只需轻点几下屏幕，你就能定格青春。无需暗房或昂贵颜料，也不必接受专业的艺术训练，智能手机让每个人都能轻松实现"专业化"。保持容颜不老，不再需要在画家或摄影师（历来多为男性）面前摆姿势，也不再担心他们眼中的你与你眼中的自己之间的差距。

然而，如果你拥有一个符合传统标准、顺性别且被普遍认为有吸引力的身体，那么这种自我表述真的算得上激进，还是说你只是更娴熟地在迎合主流审美的轨道上行进？无批判地赞美这些身体，认为它们的存在本身就值得庆祝，我看不到其中有什么革命性。这类艺术似乎在玩两面通吃的游戏，创作者随时可以启动内置逃生舱，一旦遭到质疑，便迅速指责批判者要么是厌女的男性，要么是自我厌恶、尚未挣脱男性凝视的女性。她们一边声称正在革新大众看待女性的方式，一边又退回到既维护又束缚女性的立场中。她们用"选择女性主义"[1]为自己辩护，正如《洋葱报》标题讽刺的那样，"无论个别女性做了什么，都能代表所有女性的赋权"。

金·卡戴珊在 2015 年与高端出版社 Rizzoli 合作出版了《金·卡戴珊·韦斯特：自·私拍》（*Kim Kardashian West: Selfish*）。这本近 500 页的书几乎全部由她的自拍组

1　choice feminism，主张任何女性的个人选择都应被尊重并视为赋权行为，强调尊重女性的个人意愿和多样性，但也因此在赋权、性别平等的理解上引发争议。

成，仿佛是"每天自拍一次，连续三十年"的病毒视频的豪华印刷版合集。这本书既是一份技术演变的年表，也是一部名人生活的视觉自传。从胶卷相机开始，随着叙述的推进，经历了智能手机的多代更替。卡戴珊的自拍几乎遍布她的日常场景——从化妆椅到红灯前的驾驶座，仿佛艺术创作无处不在。书名巧妙地自嘲，卡戴珊曾笑称自己是"没才华的女孩"，预先准备好了应对批评的弹药。在这个机械复制时代，她把自己变成了一件无限复制的作品，但"这是艺术还是自恋"的质疑依然主导了讨论。

模特兼网红埃米莉·拉塔科夫斯基不仅擅长借助自拍的力量在社交媒体上经营事业，也多次公开表明自己的女性主义立场。然而，关于她的自拍行为是否真正传达了女性主义思想，始终存在争议。在接受《魅力》杂志英国版采访时，她援引穆尔维的观点表示："我希望女性能够在摆脱父权制男性凝视的框架下，理解并掌控自己的性意识。"拉塔科夫斯基曾声援由电影制片人兼演员莉娜·埃斯科发起的"解放乳头"运动（Free The Nipple）。该运动倡导女性应与男性享有在公共场合裸露上身的平等权利，并试图消解其中的性意味，迅速获得了众多名人的支持。虽然初衷很好，但这类行动主义往往更像是一种面向镜头的表演，吸引那些急于借"性感"话题上位的名人女性主义者。她们常常忽视了自我物化的风险，用性感自拍挑战性化，却再次陷入性化的逻辑。在注意力经济下，自拍（无论内容如何）牢牢占据着互联网高地。拉塔科夫斯基曾以一张裸体自拍呼吁对亚拉巴马州堕胎禁令的关注，也有不少网红在发布性感照片的同时附文"你登记投票了吗"，似乎任何信息都必须通过自拍才能被看见。

2015 年前后，赞美卡戴珊或拉塔科夫斯基几乎成了文化人的必修课。《每日电讯报》称卡戴珊及其姐妹们为"勃朗特姐妹的真正继承者"，并将卡戴珊视为"女性主义艺术家"。普利策奖得主、艺术评论家杰里·萨尔茨将卡戴珊的书与克瑙斯高的《我的奋斗》相提并论。《Slate》杂志的劳拉·本内特称这本书是"一个疯狂的项目，一份令人震惊的虚荣和毅力的文献。这本书引人入胜，怎么推荐都不为过"。卡戴珊和拉塔科夫斯基或许并未以与《花花公子》摄影师截然不同的方式展现自己，但她们掌握了生产资料，自称是坐在艾龙办公椅上的马克思主义者。她们是自己的欧文·佩恩[1]，也是自己的古腾堡。我无法责备她们的虚荣，如果我长成她们那样，我可能永远不愿意离开自拍巢。但我也不愿夸大她们对推翻父权制的贡献。就像用抢劫银行的方式来推翻资本主义一样，她们的颠覆性微乎其微，根本无法改变大局。

拉塔科夫斯基在《纽约》杂志发表了题为《买回我自己》的文章，深入探讨他人如何使用她的形象，以及这对

---

1 欧文·佩恩（Irving Penn，1917—2009），20 世纪最具影响力的摄影师之一，擅长通过光影、构图和背景的极简处理展现被摄者的气质和个性。

她自身意味着什么。文章帮助我们更好地理解她在自我形象塑造上所赋予的意义。她回忆道，自己还是一名年轻模特时，曾遭摄影师乔纳森·莱德的性侵。他不仅拍摄了她的裸体照，还在未经许可的情况下将这些照片用于画廊展览和书籍出版——这是一种双重侵犯。文章还揭露了其他类似的事件，比如艺术家理查德·普林斯将她的裸体自拍纳入自己的 Instagram 绘画系列，而她认识的一位画廊老板甚至购买了其中一幅，以便在家中坐在沙发上欣赏她的裸体。她写道："Instagram 似乎是我唯一能掌控如何向世界展示自己的地方，是我主权独立的圣坛。"然而，这片属于她的领地最终也难免被他人征用。随着名声和收入的增长，拉塔科夫斯基在某种程度上能够"买回自己"。但她仍无法决定这些作品如何被观看。从这个角度来看，她的自拍远比我最初所理解的更具政治性。在一个几乎无法掌控最终呈现效果、极度依赖他人凝视的职业中，试图夺回主动权并将目光转向自己，本身就是一种微妙而真实的抵抗。

然而，问题依旧是：当一位不符合主流审美标准的女性尝试开展类似的自我展示的项目时，会发生什么？自我沉溺本身就是一种特权，而这些自拍对主流审美的挑战极为有限。一张图片中所能展现的"不完美"往往是 N 选 1，比如体毛、妊娠纹、橘皮组织可以出现，但前提是其他部分符合"完美"的标准。社交媒体提供了人人展示自我与传播影像的可能，看似是一种影像政治的民主化，但它从未真正为所有人提供平等的关注度。

算法进一步加剧了这种不平等：无论是社交媒体还是流媒体平台，系统更倾向于持续推送你喜欢的内容，而非为你发现新事物、带来惊喜或提供富有挑战性的想法。在卡戴珊这样频繁挪用黑人文化符号与风格的人身上，这一问题尤为突出。这不禁让人思考，如果一位黑人女性发布了完全相同的内容，她是否能得到高雅出版物的肯定？

我的猜测是否定的。已有不少黑人女性进行过类似的创作，却鲜有像卡戴珊那样获得广泛赞誉。正如阿里亚·迪安[1]在网络杂志《新探究》中所指出的："只要当下最具影响力的女性主义仍沉迷于'可见即正义'这种未经深思的信念，它就会持续滑向美学化与去政治化的泥沼。它所依赖的框架，继承自打着'向前一步'和'解放乳头'口号的女性主义，而这种女性主义本质上建立在种族主义、阶级歧视和资本主义逻辑之上。如果我们——尤其是黑人女性，也包括那些在资本主义、种族主义、顺性别中心主义和能力歧视倾向的话语中被边缘化的身体和自我——仍然将其视为一个可行的路径，那其实是在伤害我们自己。"她补充道："通过自拍来展示主体性、确认自我存在，并不足以打破凝视机制……将自我以图像碎片的形式投入传

1　阿里亚·迪安（Aria Dean，1993—　），美国艺术家、评论家和策展人。2018年被《文化》杂志评为30位35岁以下艺术家之一。

播，早已无法构成真正的抵抗。"相反，她主张以"拒绝、反驳、重新定向的方式使用自拍等工具，对主流意识形态说'不'，并告别那些吸引关注的浅薄策略"。

卡里·梅·威姆斯和阿德里安·派珀[1]等黑人艺术家曾尝试重构并直面凝视。威姆斯在汉普郡学院任教时，曾布置一个作业，要求学生基于穆尔维的文章，各自创作一幅肖像与一幅自画像。她发现男学生的自画像往往呈现"标准的正脸"，"女学生则总是侧身，脸部略显模糊。她们的脸不会完全露出，常常被头发或其他物体部分遮挡。这反映出一种对自我暴露的易感性"。这种性别差异至今依然存在，害羞、隐藏、摆角度、避免与自身影像对视仍主导着女性的自拍。这既可以被视为一种艺术上的选择，通过操控图像达到理想效果；也可以解读为对社交压力带来的不安全感的反应。

威姆斯说："关于凝视的最初讨论将黑人女性的身体排除在外，根本没有将其纳入讨论。"为此，她开始创作《厨房餐桌》（"Kitchen Table"）系列。"有一天我意识到，不能指望白人男性来构建我们的形象，不能任由他们决定我们黑人女性是否具有吸引力、是否有用、是否有意义或是否复杂。"该系列展现了威姆斯在餐桌旁的私人时刻，

---

1 卡里·梅·威姆斯（Carrie Mae Weems，1953— ），美国艺术家，擅长用文字、纺织品、音频、数字图像和视频装置艺术进行创作。阿德里安·派珀（Adrian Piper，1948— ），美国概念艺术家、康德学派哲学家。

这些家庭生活的瞬间在自拍普及之前极少被记录。其中一张最动人的照片捕捉到她与一个小女孩各自在镜前化妆的场景。两个不同年龄段的女性，在各自的人生阶段进行自我定义，轨迹虽不重叠，却彼此并行。她告诉《W》杂志："我将自己的身体作为景观，探索女性生活的复杂现实。"在以《白雪公主》为灵感的作品中，一位黑人女性注视着镜子，镜中映出的却是一个巫女的形象。配文写道："黑人女性看着镜子问道'魔镜，魔镜，告诉我，谁是世界上最美的人'，魔镜回答说'是白雪公主。你这个黑婊子，给我记住'！"威姆斯揭示了白人至上主义和欧洲中心主义的审美标准无处不在，即便是自我凝视的瞬间也依然在发挥作用。

派珀通过行为艺术探索混血女性的身份认同。在作品《优质白人女性自画像》（*Self-portrait as Nice White Lady*）中，她身穿高领衫，平视前方，面无表情，背景中的漫画气泡写着"看什么看？滚"。在《神话般的存在》（"Mythic Being"）系列中，她扮演一名男性，准确说是"肤色较浅的工人阶级黑人男性"，借此揭示女性所面临的诸多限制。她写道："扮演这个角色时，我昂首阔步地走，目不斜视地走，悠闲自在地走，低着头走，耸着肩走。在地铁上，我岔开双腿坐着。"在"成为"这个男性角色后，她摆脱了凝视者的期待。

在时尚领域，女性凝视的概念更模糊。真正完全为自己打扮的女性少之又少，大多数女性心中都有特定的观众，无论对方是男性、其他女性，还是两者的变体。但女性往往更能理解并欣赏彼此的穿着，并因对方穿着所透露的信号而展开细腻而私密的交流。时尚不仅是女性展示自我认同的舞台，更是她们彼此吸引、互相迷恋的领域。

甚至可以说，女性不再需要为男性而打扮，我们已经跨越了那个历史阶段。随着女性争取到更多权力和自由，时尚也会发生变化。比如，"#MeToo"运动兴起后，服装的暴露程度有所降低，"丑酷"风格则彻底拒绝迎合直男审美，转而强调穿着的舒适与主观感受。一些女性设计师通过女性友好、以身体感受为导向的设计语言，重新定义"穿得好看"的标准。尽管这些新的标准有时与旧有的限制并未完全切割。那么，为悦己而容究竟意味着什么？我们是否真的能够摆脱外界的目光，摒弃讨好他人的冲动？

尽管时尚被视为女性主导的行业，但大部分时间里，女装的设计掌握在男性手中，潮流方向也多由处于行业顶端的男性设计师把控。这些设计往往内化了男性凝视——从铅笔裙到绷带裙，真正要穿着这些衣服走路、生活的人，会设计出它们吗？如今，潮流不再是自上而下的，而是更多地由个人生成。这种变化已有所显现：习惯穿木底鞋或勃肯鞋的女性可能会尝试猫跟鞋，但不会仅因被告知细跟鞋回潮，就投入高跟鞋的怀抱。

随着女性设计师的增多，人们常常将她们的作品贴上

"女性凝视"的标签。但女性设计师就一定更懂女性的需求吗？未必。有些女性设计师同样不擅长理解女性身体的实际需求。然而，认为她们只是为自己设计衣服、想象力仅限于自身经验的说法，未免过于轻率和狭隘。

不过，确实有一群女性设计师反击男性凝视，将时尚作为一种激烈的讽刺形式，或是从实用性出发设计更具可穿性的女性服饰。川久保玲属于前者，她与曾任职于蔻依和思琳的菲比·菲洛[1]被认为是当今最成功贯彻女性凝视的设计师。

川久保玲在 1997 年春季推出的"身体遇见衣服，衣服遇见身体"系列，颠覆了人们对女性身体的认知。这一系列被坊间称作"鼓包和肿块"。她为连衣裙加入填充物，并不是为了塑造某种"理想"的身体形态，而是让身体变得超现实：隆起的脊背、球状的髋部、夸张的臀部。这些造型挑战了主流美学，一些评论甚至将其与毁容或疾病相联系，部分时尚杂志在拍摄时选择去掉填充物。在川久保玲看来，这是一次重新定义衣服与穿着者关系的实验。"我意识到衣服可以是身体，身体也可以是衣服。"她曾说。

川久保玲的设计也常常触及女性特有的生命经验与生理仪式。高定时装秀通常以"新娘"谢幕，即以华美的婚纱作为压轴，但她在 2014 年的"血与玫瑰"系列中将

1　菲比·菲洛（Phoebe Philo，1973—　），英国时装设计师，其设计强调舒适与实用，摒弃了过于复杂的装饰，呈现出一种干练而不失女性魅力的风格。

目光投向时尚界避而不谈的主题。一袭浸透血液的白色婚纱，隐喻着月经、分娩与死亡。2005 年的"破碎新娘"系列继续打破高定时装的常规，重新思考婚姻本身。"婚姻有很多种形式。"秀场说明里写道，"它通常被视为一种'束缚'，带有保守的意味。而这个系列反对这种观念，希望带来一种解放感，鼓励人们重新想象婚姻的模样。"模特穿着宽松的阔腿裤和无束身结构的婚礼服装，头戴郝薇香小姐[1]式的古董头纱，脚踩平底鞋，颠覆了经典新娘那种装饰繁复、行动受限的形象。

菲洛延续了克莱尔·麦卡德尔[2]等 20 世纪美国设计师的精神。麦卡德尔的实用设计普及了运动装理念，以自由和质朴的风格成为美式成衣的经典流派。在菲洛任职思琳期间，她的设计完全不考虑男性的存在，是时尚界通过"贝克德尔测试"[3]的作品。菲洛的追随者自称"菲洛蒙"，仿佛生活在《她的国》[4]的乌托邦中，在那里毛绒平底凉鞋和超大披风是常规着装。

务实虽非时尚界推崇的品质，却是菲洛的卖点。索

---

1 狄更斯小说《远大前程》中的一位富有的单身老妇，年轻时在婚礼上被抛弃，从此一生都穿着那件婚纱。

2 克莱尔·麦卡德尔（Claire McCardell，1905—1990），美国时装设计师，被视为现代美式成衣的先驱、美国运动衣之母，强调女性在日常生活中的穿着需求，将男装或工作服上的常用布料和元素用在女装上，推出牛仔连衣裙、功能性强的口袋设计等。

3 Bechdel Test，评估影视作品中女性角色代表性的一项标准。由漫画家艾莉森·贝克德尔在 1985 年提出。

4 Herland，美国作家夏洛特·珀金斯·吉尔曼出版于 1915 年的乌托邦小说，描绘了一个由女性组成的理想世界。

菲娅·科波拉在接受《T》杂志采访时表示，她喜欢菲洛的美学，因为"它不基于'女性应该是什么样子'的奇怪想法"。在菲洛的视角中，理想的女性形象是琼·狄迪恩。2015年狄迪恩戴着超大墨镜出现在思琳广告中。穿着菲洛设计的女性看起来富有且严肃，像是那种只为满足个人兴趣而经营画廊的人。她们不需要通过裸露身体来赢得关注，而是通过低调的穿着彰显身份与阶级。这种风格在21世纪初的名牌狂热中，宛如一剂安神药。然而，这是否又成为另一种难以企及的女性理想？

每当提到"真实"或"自然"的女性时，往往隐含着对"人工"女性的批判。这种"反时尚的时尚"与"无妆感的妆容"如出一辙，后者本质上仍是妆容，只不过通过素颜霜和裸色口红来呈现。记者兼脱口秀演员比姆·阿德翁米在谈论伪素颜妆时写道："'毫不费力'已然成为女性所能拥有的最好的商品。"素颜运动"并不是全球性运动的风向标，而是温和优越感的展示"。它看似不重视为了取悦男性而变美的努力，但美并没有被抛弃，而是转化为一种严肃的、近乎学术的追求。护肤成了科学，时尚成了脑力游戏，"轻松自如"被视为一种美德。资深记者克里蒂卡·瓦拉古尔对所谓的"护肤骗局"进行了批判性研究，将对完美皮肤的追求归类为"有思想女性的追求"。药妆或由医生背书的护肤品受到追捧，仿佛是为听话的病人开的美容处方。流行的说法是，护肤的乐趣源于对成分原理的研究，或是对生活仪式感的追求。这当然可能是真的，但如果护肤并未带来明显效果，仍会有这么多人如此执着吗？护肤并不是对化妆及父权制下审美标准的拒绝，而是完美皮肤使得拒绝化妆成为可能。

而对完美的追求只会越来越脱离实际。所谓的"变美工作"是一种西西弗斯式的努力。我们必须清除毛孔、打造白瓷肌，以随时应对高清镜头。"完美皮肤，"瓦拉古尔写道，"是可望而不可即的，因为它根本不存在。那种认为我们应该追求并拥有完美皮肤的想法，无非是在浪费时间和金钱。对女性而言，追求完美肌肤的理想，以及为此付出的实际成本，让她们承受了不成比例的压力。"更糟糕的是，皮肤质量还成了内在品质的反映。"在当前语境下，脸上的瑕疵仿佛是对你作为一个人的评判。"哲学家希瑟·威多斯指出，美丽已成为一种道德理想，未能实现这一理想则会被视为道德失范。与此同时，随着技术的进步，我们开始以"技术凝视"审视自己，而这种凝视比人眼更为苛刻。从高清摄像头到变焦镜头，技术不断提供更多方式，让我们看到自己的缺陷。

男性凝视与女性凝视的二元对立值得商榷。这种对立将两者分别置于刻板印象的两端，类似于穆尔维所描述的男性作为主动者、女性作为被动者的静态模式。在这一框架中，女性凝视似乎被赋予了一种虚假的纯洁性，既不会污染，也不会贬低，更不会物化他者。"维多利亚的秘密"

的广告公然物化女性，而某强调可持续性和支持身体积极运动的内衣品牌则主打女性赋权。实际上，两者的差别往往只是细节上的视觉转译，内核未必真正改变。在后者那里，女性凝视不过被当作一种营销策略，制造出传统已被颠覆的幻象，将原本具有物化意味的事物重新包装为力量的象征。当一个品牌想要传达严肃性时，常见的做法是使用极简的背景，舍弃明显的修饰，并展示一组不同年龄和体型、却同样异常美丽的模特。学者葆拉·马兰茨·科恩甚至指出，女性凝视可能成为"另一种操纵女性依赖消费文化的手段"，其焦点在于获取产品，而非关注身体本身。

当时尚想要传达严肃性和价值感时，常常会发布体现女性凝视的通稿。这可能涉及介绍一名女性摄影师，或者展示一位年过六旬的女性（通常是白人），她拥有可被接受的皱纹数量，是优雅老去的典范。在这种情况下，只要不是明显"作弊"，我们便会因阻止衰老熵增而获得赞赏。作家希瑟·哈夫里莱斯基在推特上指出："优雅老去是一种隐性的性别歧视，它只要求女性，仿佛存在某种特殊的、正确的方式让女性在变老时毫不费力地保持美丽。这个说法内含的信息是，像所有与女性有关的事物一样，千万别太用力，否则就会显得可悲。"

简约美学早已成为一种传统，并自成体系。它不是对现状的逃避，更像是新的现状。如今，各大杂志频繁刊登声称素颜且未经美化的照片，仿佛是在回应外界对时尚影像虚假性的质疑。

与此同时，美颜在个人领域空前兴盛，大家纷纷把自己修得"面目全非"。对图片"真实"、不加修饰的呼声日益高涨，甚至有人主张应将修图列为违法行为。《大西洋月刊》特约撰稿人汉纳·乔治斯指出，美颜是面部修正的冰山一角，"是更大层面社会病症的症状之一"。"在这个世界及其镜像中，若你身处被他者化的身体里——黑人、酷儿、跨性别者、肥胖者、残障人士，你所面临的危险远超图片编辑工具带来的危害。而我们对这种现实的关注，不及对美颜技术的批评那般积极……任何崇尚'自然'美的趋势都倾向于理想化那些在没有太多修饰的情况下依旧看起来完美的人，比如脸上洒满露珠的美妆模特。"乔治斯引用残障人士活动家米娅·明格斯的观点。明格斯谈到，像她这样的女性"在白人女性的喧嚣中，努力争取被看见的位置"。对她们而言，"被看见"与卡戴珊和拉塔科夫斯基所声称的"自我描绘"同样是一项重要的事业。明格斯表示，通过展现自我，她们"拒绝让身体健全的女性垄断女性的定义，并要求正视性别、美、性和欲望中对残障人士根深蒂固的歧视。这种歧视通常藏在'我们所有人'这类表述之下"。

对她来说，目标是"超越欲望的政治，去爱丑……我们都想远离丑，但越是远离和污名化丑，就越是赋予美更多的权力。社会痴迷于变美、变可爱、变性感。可如果我们就是长得丑，该怎么办"。在第四波女性主义的背景下，以女权主义内衣为幕布的温和氛围中，明格斯的声音无疑具有革命性。在这个美貌能带来实际回报，如金钱、爱、关注、追随者和工作机会的世界里，外貌欠佳往往意味着严厉的惩罚。放弃对美的追求并不容易。我们真的能像切断与空间站纽带的宇航员那样，在无重力空间中漂浮，脱离这个系统吗？这些富有挑战性的问题仅靠自拍是无法解决的。

与其说我们生活在单一男性凝视的暴政或男性凝视与女性凝视的对立中，不如说我们生活在多重交错的凝视之中。法国摄影师阿涅丝·戈达尔[1]在接受美国娱乐新闻网站 Vulture "女性凝视"专题采访时谈到，她认为这个词过于刻板。"我更愿意将摄影的多样变化和细微差别视为人类敏感性与主观性的丰富呈现，而不是将其简单划分为男性和女性两个世界。为什么一定要使用两种不同的语言呢？"

这与穆尔维的许多批评者所强调的凝视多元性观点一致。贝尔·胡克斯等思想家批评了男性凝视原始概念中固有的白人至上主义。在文章《对立的凝视：黑人女性观众》（"The Oppositional Gaze: Black Female Spectators"）中，胡克斯指出，奴隶主会惩罚那些直视他们的奴隶；黑人男

---

1 阿涅丝·戈达尔（Agnès Godard, 1951— ），与文德斯、彼得·格林纳威和阿兰·雷乃等多位知名导演合作，获得多个电影摄影奖。

性埃米特·蒂尔仅因看了一眼白人女性，就惨遭私刑。她以这些例子揭示凝视所携带的权力结构，以及谁有权去"看"。尽管胡克斯的写作诞生于20世纪90年代初，她的观点至今依然适用。黑人女性不只在银幕上被边缘化，也被排除在凝视之外。"我们真的相信那些只讨论白人女性形象的女性主义理论家'看'不到其中的白人特征吗？"她写道。

马奈的《奥林匹亚》中还有一个身影：一位黑人女仆正在为画中主角服务，身体部分隐没在背景中。艺术家洛兰·奥格雷迪曾撰文分析欧洲肖像画中将黑人侍女置于边缘位置的惯例。在《奥林匹亚的女仆》（"Olympia's Maid"）一文中，她写道："白人女性身体之'女性气质'的确认，是通过将一个非白人角色置于混乱之中来实现的，且这种混乱必须与观者的视线保持安全距离。如此一来，只有白人女性的身体才能成为男性窥淫与恋物凝视的对象。"

一个半世纪后，许多以女性凝视为出发点的所谓"进步文化产品"，在种族议题上仍然选择性失明。美剧《我爱迪克》和《美女摔角联盟》因描绘女性能动性而备受赞誉。然而，正如本森－阿洛特所指出的，这两部剧"仅在配角中安排有色人种角色，这些角色质疑但从未动摇白人主角的种族中心主义"。尽管这类作品宣扬女性主体性，它们仍在某种程度上物化了这些女性角色。电影《阿黛尔的生活》讲述了两名女孩之间波动起伏的关系，宣传初期将"女性凝视"作为看点之一，尽管导演阿布戴·柯西胥是一名异性恋男性。这部电影不仅赢得了戛纳电影节金棕榈奖，还因其对女同性恋爱情和性的"真实"描绘而广受好评。然后，质疑的声音也随之而来。原著图像小说作者朱莉·马洛对影片制作中排斥女同性恋者的行为表示不满；剧组工作人员指控柯西胥在片场滥用权力；主演蕾雅·赛杜与阿黛尔·艾克萨勒霍布洛斯在采访中坦言，拍摄过程"可怕"且具有剥削性，并明确表示不会与柯西胥再次合作。这些批评促使观众以批判的眼光重新审视这部电影。（2018 年柯西胥被一名女性匿名指控性侵犯，这一事件进一步加深了对他及其作品的反思。）

电影《燃烧女子的肖像》为类似主题带来了全新的诠释。该片由塞莉娜·夏马执导，讲述了 18 世纪末艺术家玛丽安娜受雇为桀骜不驯的富家小姐埃洛伊兹绘制肖像的故事。在创作过程中，两人坠入爱河，尽管这段感情从一开始便注定走向悲剧，因为埃洛伊兹已与一名男子订婚。这是一部充满凝视的电影：影像在镜中的折射，身体的取景与切割，实景与画布的交织，夏马在层层叠叠的视觉碎片中，向我们展现了描绘过程的复杂与困难。玛丽安娜的画笔如同一根测量杆，从棕色画布上勾勒出埃洛伊兹的轮廓。影片精准捕捉了艺术家创作过程中的思维活动，是我看过的关于艺术创作过程最动人且最精确的描绘之一。那种艺术性的肢体破碎让我想起了弗朗西丝卡·伍德曼[1]的作品。这位才华横溢的摄影师在自拍时扭动身体（通常是裸体），捕捉身体在运动中的瞬间姿态与情绪。女性艺术家长期以来被局限于家庭场景，只能描绘自己或身边的女性。伍德曼的动态肢体展示了受困于此的沮丧，那感觉就像一只被别针固定的"奖品蛾"。在影片中，玛丽安娜谈起她不能画男性裸体，埃洛伊兹问是否因为这有损淑女风范，她答道："主要是为了防止我们画出伟大的作品。"让一名女性以批判的眼光看待一名男性，并决定如何描绘他——这种想法，会赋予女性太多的权力。

在《燃烧女子的肖像》中，大多数时刻里，凝视代替了触摸。为数不多的男性角色出场极少，所有的情感流动都发生在女性之间。夏马对凝视做出了三角化处理：两位主角互相注视，而她的镜头则深深沉浸于她们的目光之中。一些影评人将这部电影与《阿黛尔的生活》进行对比，认为两位导演在身份认同上的不同导致两部电影被评价为"好同性电影"与"差同性电影"。夏马并不在意这种比较。在接受电影资讯网站"独立一线"（Indie Wire）采访时，她表示："如果我们把一切都简化为'好或差、道德或不道德、窥淫或不窥淫'，就会忽略影片真正的焦点，

---

1 弗朗西丝卡·伍德曼（Francesca Woodman, 1958—1981），美国摄影师，其作品以极具实验性质的自拍为主，很多作品使用了自我暴露、镜面反射，以及失焦来营造模糊与梦幻般的视觉效果。去世后她的艺术成就才被认可。

辜负这一时刻的激动。关键在于理解是什么激发了这些画面，以及它们想要传达什么……[我们应该] 避免断章取义，勇敢地质疑凝视——不仅是我们自己的，也包括导演的。这需要观众付出一些努力。"

最终，或许取代凝视的是创作者为我们带来的新视角与新内容。像《燃烧女子的肖像》这样由女性编剧、由女性执导、由女性主演的作品依然稀缺，在美国电影行业中更是如此。但随着越来越多不同背景的人参与创作，多元的视角与声音开始浮现，传统的凝视分类可能会逐渐模糊。虽然我们可能永远无法完全摆脱资本凝视、权力凝视或男权凝视等大写的凝视，但或许我们可以重新塑造与这些凝视的关系。

紧身裤冒犯了谁

我爸给我的唯一时尚建议是：永远不要穿任何可能妨碍你逃离危险的衣服。这条建议虽然透着悲观，但极为现实。从高跟鞋到铅笔裙，女性时尚的许多标志性元素不仅让穿着者感到不舒服，甚至可能在关键时刻拖慢脚步、危及生命。女装所承载的规训向来多于男装，即便在今天，仍有人对女性穿着舒适、便于行动的衣物感到不安。女性在权利方面取得的进展与依旧承受的束缚（尤其是在身体自主权和生育自由方面）在时尚中得到了映射。在一个依旧试图通过穿着来控制女性身体的社会中，舒适自在地穿衣无异于一场小型革命。

但"为自己而穿"的历程并非一条直线，更不是以全面解放为终点的英雄故事，而是自身需求与社会期待之间的持久拉扯，是自由与融入的对抗。随着休闲装在越来越多的场合中变得可接受（新冠疫情推动了这一趋势，令舒适成为许多人的首要考量），时尚的自我决定运动面临一个非常现实的二元问题：我们是谁与我们希望被看作的样子。我们是为自己而选择舒适，还是为吸引或打动他人而牺牲舒适？为了看起来"得体"或"好看"，我们愿意在多大程度上限制自己的行动和自由？我们是否想用衣服来重塑或展示自己的身体？我们是否愿意在享受真实自我之名下摒弃一切外在标准？当然，这并不意味着脚踩5英寸高跟鞋、身穿绷带裙的女性就一定是自我厌恶，也不代表套着宽松运动服的女性就更接近自我实现。每个人的选择会随身份、情境、心情而变化。但有一点始终未变，迎合他人对你外貌的期待，确实能带来某些好处。

以上这些话题汇聚在最具争议的时尚辩题之一中。最近，从学校行政人员到电视主播，再到一些愤怒的母亲，大家都在与一个共同的"敌人"作战：紧身裤（leggings）。为人畜无害的几英尺氨纶[1]争论，看似荒诞，实则反映了长期存在的社会问题：对女性身体的规范化，尤其是对那些在某些方面不符合主流标准的身体的管控。这种管控从小就有，常以校园着装规范的形式出现，并且总是带有明显的性别双重标准。2015年马萨诸塞州科德角的一所高中禁止女生穿紧身裤和瑜伽裤，除非搭配长款上衣。校长称，规定的初衷是为了提高学生的"就业能力"，帮助她们适应未来的职场生活。对此，校内高年级学生会主席西娜·艾奥鲁波提亚说："我们穿紧身裤并不是为了吸引别

1　spandex，俗称莱卡，一种弹力纤维，因优异的弹性和强度、抗皱和速干的特性，被广泛应用在运动服上。

人的注意，而是因为它真的很舒服。"同年，学生们开始用标签"#学校教会了我什么"分享与着装规范相关的故事："短裤和吊带背心太不得体了，会让男生分心""在学校露肩太危险了""女生的着装规范比男生的复杂太多"。在伊利诺伊州埃文斯顿的中学，学生们公开反对因"太让男生分心"而禁止穿紧身裤的校规。新泽西州蒙特克莱的一所高中，学生们举着标语抗议着装规范中的性别偏见："肩膀可太性感了——从未有人这么说过！"类似的故事层出不穷，舞会礼服被批评有伤风化，女生被要求必须穿胸罩（我所查到的胸罩故事几乎都发生在高中）。违反着装规范的学生被迫穿上所谓的"羞耻装"作为惩罚。讽刺的是，这些规定原本是为了减少干扰，让学生专注于学业，但最终，羞辱与惩罚反而成了影响学业的重要因素。

新冠疫情期间，当人们以为线上教学会重新定义校园着装规范时，学校却开始为网课专门制订着装守则。布鲁克林的一所特许学校[1]出台了远程学习穿着规定，明确禁止学生在虚拟课堂上佩戴女用头巾和嘻哈头巾。佐治亚州达拉斯的一所学校的照片在网上疯传，照片中学生们挤在走廊里，却没有一个人佩戴口罩。对此，许多学校无奈表示，他们无权强制要求学生佩戴口罩。学生们迅速指出，对于女生穿什么，学校可一点也不含糊。

1　美国公立学校的一种形式，经费上由政府拨款，但运营上独立自主。

校园着装规范通常对女性、性少数群体和有色人种进行针对性约束。学校往往会对穿紧身裤或类似服饰的大码女孩进行身体羞辱，而身材"标准"的学生则较少受到指责。2017年南卡罗来纳州一所高中的校长因发表争议言论而登上新闻头条。他明确表示，除非尺码是0或2[1]，否则不允许穿紧身裤。如果这一切看起来像是美国式清教主义的极端延伸，那么我们将目光投向新西兰。一位校长声称，规定裙子长度是为了"保障女生的安全，防止男生想入非非，并为男性教职工营造良好的工作环境"。这种说法将男生和男性教职工塑造成潜在的受害者，而女生则被视为加害者。

这类着装规范频繁出现在青春期的关键阶段，尤其是在初中和高中。在这一时期，女孩对自己身体的认知常常像是把身体当作一颗随时可能引爆的手榴弹。紧身裤不仅仅是一件衣服，它触及我们关于女性身体、自由与权力的所有敏感神经。它既被认为过于休闲，又被视为过于性感，成为一种文化意义上的双重束缚。因其舒适性和实用性，紧身裤在某些语境中被赋予男子气概；而因其紧贴身体、勾勒曲线，又在其他语境中被贴上过于女性化的标签。2017年美联航拒绝两名穿着紧身裤的女孩登机。事后，航空公司回应称，她们是通过员工家属特别项目获得

1　相当于国际码 XXXS 到 XS。

机票的，该项目有更严格的着装规范。同一航班的另一名女孩为了顺利登机，在紧身裤外套了一条连衣裙。乘客香农·沃茨在推特上曝光此事，迅速引发热议。她在接受《纽约时报》采访时指出，这一着装要求并不适用于男性乘客，有个孩子的父亲穿着膝上短裤，却"没有任何问题"。

穿紧身裤的女性不仅被性化，还因"引发"男性的不当联想而被指责。2015年早间访谈节目《福克斯与朋友们》邀请一组男性嘉宾点评穿紧身裤的女性。主持人问其中一位"德高望重的父亲"是否"对女性在公共场合穿紧身裤感到自在"。接下来，三位穿紧身裤的女性依次登场。其中一位被评价为："身材真不错，显然有在健身，可以多穿紧身裤。但如果周日去教堂，还是不太合适。"这位女性回应说，她穿着紧身裤感到非常舒服。新闻媒体NowThis形容该节目"令人头皮发麻"。当然，反对女性穿紧身裤的不仅是男性。2019年圣母大学的学生报刊登了一封来信。作者自称是一位信仰天主教的母亲，有4个儿子。她写道："我遇到了一个只有女孩能解决的问题——紧身裤。"她描述自己在弥撒时看到一群穿紧身裤的年轻女孩，那些紧身裤"简直像是画在身上一样"。她还写道，这种着装风气"让天主教母亲在教育儿子时遇到了困难，因为很难让儿子理解女性是某人的女儿和姐妹"。在这种叙述中，女性成了责任主体；母亲必须教导儿子，而其他女性则应避免穿着可能刺激男孩的衣服。顺便说一句，这样的表述几乎将女性视作男性的私有财产（"某人的女儿和姐妹"）。

紧身裤无疑成了当代服装争议的引爆点，促使我们探讨舒适、自由、物化、男子气概、身体羞辱、男性凝视，甚至"优秀成年儿子们"那脆弱可怜的灵魂。若要追溯紧身裤的历史渊源，灯笼裤大概是最接近的原型。它最早诞生于19世纪中叶，最初是穿在裙子下面的贴身裤装。灯笼裤的英文名"bloomer"来自女性主义者阿米利亚·詹克斯·布卢默[1]，尽管她既不是它的发明者[2]，也不是第一个穿它的人。布卢默在她创办的女性报纸《百合花》上撰文推介这款裤装，从此灯笼裤便与她密不可分，并以她的姓氏命名。

在那个年代，女性的服装直接影响她们的健康：鲸骨紧身胸衣和多层衬裙的束缚限制了正常呼吸，极端情况下甚至会伤及内脏。厚重的衬裙由麦秆或马鬃加固，重达10至12磅[3]，使穿着者行动缓慢。拖地长裙不仅容易沾满灰尘，对于在工厂工作的女性而言，还可能使她们被机器卡住。时尚趋势刻意束缚女性，将她们限制在家庭领

1　阿米利亚·詹克斯·布卢默（Amelia Jenks Bloomer, 1818—1894），美国报纸编辑、妇女权利倡导者。

2　这一殊荣属于妇女参政论者伊丽莎白·卡迪·斯坦顿（Elizabeth Cady Stanton）的表妹伊丽莎白·史密斯·米勒（Elizabeth Smith Miller）。——作者注

3　1磅约等于454克。

域。越是追随潮流，越显高贵，因为这表明你无须工作奔波，且有仆人协助穿戴这些繁复的服饰。正如学者珍妮特·默里所言，女性是"父亲或丈夫财富的行走的广告牌"，是可被展示的财产，而非自主的个体。经济学家索尔斯坦·凡勃伦称她们为"替代性消费"[1]的典型。他在《女性服饰的经济学理论》（"The Economic Theory of Woman's Dress"）中写道，时尚是特权阶层女性炫耀其闲暇的方式，"展示给所有观察者，并迫使他们注意到，穿这种衣服的人显然无法从事任何有用的劳动。如此，现代文明中女性的服装试图表现一种习惯性的闲散，并在某种程度上确实做到了"。

灯笼裤的出现挑战了将女性视为附属品的传统观念。及膝裙搭配脚踝收紧的灯笼裤构成了所谓的"革命裙"，成为抗议的象征。布卢默在《百合花》上写道，穿"革命裙"的女性"不在乎那些拘谨绅士怎么看"。女性终于可以成为"上帝所创造的自由而健康的人，不再受服装奴役，也不再被束缚、扭曲或拖累"。布卢默在报纸上刊登了自己穿着"革命裙"的照片后，收到了数百封来信。许多女性表达了对摆脱传统服饰的渴望，并请求提供设计模板，以便亲手制作这种裙装。"灯笼裤主义"随之兴起，并在进步主义浪潮的推动下，逐步发展为一场争取穿衣自由的

---

1 一种消费现象，指人们通过他人，尤其是家人或下属的消费行为，来展示自己的财富、地位或生活方式。

运动。正如历史学家安妮·霍兰德所言："服装是社会的映射，衣着的变迁即社会的变迁。"19世纪的社会自由运动，包括妇女权利和废奴运动，推动了女性对穿衣自由的追求。随着女性受教育程度不断提高，越来越多的人开始走进大学课堂。一些进步的医生和健康倡导者提倡"理性着装"[1]，提倡生育控制、运动、素食、水疗等理念。尽管这些主张立足于健康，却也透露出反时尚的倾向，其中暗含的性别歧视表明，对时尚的兴趣被看作是肤浅和不严肃的。

无论如何，灯笼裤成为真正的潮流。它的剪裁参考了中东女性的长裤，因此有时被称作"土耳其长裤"。灯笼裤与及膝裙的搭配意在解放身体，因此被一些妇女参政论者称作"自由裙"，而它所带来的自由，也远不止衣着层面。非裔诗人、废奴主义者夏洛特·格里姆克曾身穿灯笼裤爬上樱桃树。她在日记中写道："我获得了漂亮的水果，并第一次有了'君临天下'的感觉。"这套衣服不仅使女性能够独立行动，也具备社交功能。在灯笼裤舞会上，女性穿着它翩翩起舞。它代表一种美国时尚观念，在法国设计师主导潮流的时代，它为女性提供了从这套自上而下的时尚体系中获得解放的可能性，一位改革者在《脱离巴黎时尚专制独立宣言》（"Declaration of Independence from the

---

1 rational dress，19世纪后期和20世纪初期出现的一种服装改革理念，鼓励女性选择更加自由和功能性的服装，从而可以更自由地进行活动和工作。

Despotism of Parisian Fashion"）中如此总结道。

　　面对灯笼裤的兴起，男士们变得不淡定，他们的反应相当情绪化。漫画家约翰·利奇在幽默杂志《笨拙》上发表了多幅讽刺灯笼裤的漫画，包括女性单膝跪地向男性求婚，女性在酒吧吞云吐雾、男性则在一旁服侍（配文为"'低等动物'之一"），以及由女性组成的警察部队。另一幅创作于1851年、作者不详的漫画描绘了传统家庭结构被颠覆后的景象：女人悠闲地抽烟，丈夫则在一旁缝补自己的外套。这些漫画暗示，如果女性在穿着上变得"男性化"，就有可能开始接管男性的社会角色，进而令男性失去阳刚之气。《纽约时报》1851年的一篇社论表达了对性别"失序"的担忧："显然，有一种侵蚀男性风范的趋势，甚至在日常琐事中也有所体现。对此，我们既不能严厉谴责，也不应过快压制。"与此同时，灯笼裤因展露穿着者的双腿，被批评为过于性感，与当今围绕紧身裤的争议如出一辙。

　　在灯笼裤的巅峰时期，这种服饰获得了近乎压倒性的关注，甚至使得第一波女性主义者追求的自由解放显得黯然失色。布卢默写道："我们都觉得这种服装分散了人们对更重要事物的注意力，比如女性应享有更好的教育、更广泛的就业机会、更高的劳动报酬，以及能保障她们权益的选举权。"社会改革家苏珊·B. 安东尼[1]也表示，当她穿

---

[1]　苏珊·B. 安东尼（Susan B. Anthony，1820—1906），美国著名女性主义者、废奴主义者和妇女参政权运动的领袖之一。

着灯笼裤演讲时，"观众的注意力全都集中在我的衣服上，没人在乎我说了什么"。最终，就连布卢默这样的坚定支持者也放弃了灯笼裤，转而选择更轻便的改良裙撑，它不再依赖厚重的衬裙来塑造轮廓。"革命裙"先驱米勒也坦言，在穿了七年之后，她"'移情别恋'，回到那些紧绷旧衣的怀抱，成为怀有爱美之心的牺牲品"。

下一波服装改革围绕自行车这一新潮流展开。自行车将女性的独立具体化，使女性获得了更大的自由和机动性。在一个仍将"柔弱"与"迷人"画等号的社会，自行车无疑让女性变得更强大。安东尼曾说，骑行"为女性带来了前所未有的解放"。为方便骑行设计的"理性着装"是在宽松裤子外套一条短裙。女性骑行者还会穿分体裙，它将传统裙摆一分为二，变成两条裤管，以防布料卷入车轮辐条。这类服饰曾引发巨大争议，在法国法律禁止女性穿长裤，除非"该女子手握自行车车把或马的缰绳"；曾有女性因穿分体裙而被捕。随着越来越多的女性参与各类体育活动，运动装成为赋予女性更大自由与身体掌控感的途径。所谓"新女性"由此诞生，她们是布卢默的继承者，但比前辈更加独立、活跃。

一些高级时装设计师也加入了这股潮流。保罗·普瓦雷[1]推出了裙裤；向来偏爱长裤的可可·香奈儿也开始将

1　保罗·普瓦雷（Paul Poiret, 1879—1944），法国时装设计师，最早尝试将裙裤设计作为女性时装的设计师之一。

长裤引入她的设计。1931 年埃尔萨·斯基亚帕雷利[1]在"为了运动"系列中推出一款裙裤，网球运动员莉莉·德·阿尔瓦雷斯穿着它参加温布尔登网球锦标赛，却因此收到了死亡威胁。《每日邮报》评论称，阿尔瓦雷斯"应因其服装选择而受到严厉批评"。

裤装很自然地成为西方服饰的下一个前沿。飞行员阿米利亚·埃尔哈特是早期穿着裤装的标志性女性之一。她偏爱简洁实用的衣服，并在 20 世纪 30 年代推出个人服装系列，其中裤装占据重要位置。该系列的灵感来自她与同样主张舒适着装的斯基亚帕雷利之间的一次谈话。1939 年穿裤子的女性首次出现在《Vogue》杂志的非运动版块。与此同时，凯瑟琳·赫本和玛琳·黛德丽等好莱坞明星在银幕内外穿起裤装。"二战"期间，随着女性大量进入原本由男性主导的劳动领域，普通女性也开始穿裤装，裤装逐渐被大众接受，并成为日常穿着的一部分。

中性风格在 20 世纪 60 年代成为时装秀上的常见元素。1966 年伊夫·圣罗兰推出"吸烟装"——一款为女性设计的晚礼服式西装。这一设计在当时颇具争议，却迅速成为凯瑟琳·德纳芙和比安卡·贾格尔的时尚之选。比安卡甚至在婚礼上穿了一套白色吸烟装。到了 80 年代，随着越来越多的女性进入商业世界并担任高管，垫肩和"权力

1　埃尔萨·斯基亚帕雷利（Elsa Schiaparelli, 1890—1973），意大利时装设计师，与香奈儿、迪奥等一起，共同塑造了 20 世纪的时尚潮流。

套装"成为主流。虽然当今的争议焦点多集中于紧身裤，但女性穿裤装在某些场合依旧面临隐性阻力。英国航空公司的女性乘务员直到2016年才争取到穿裤子的权利，她们在庆祝中说道："我们再也不用忍受寒冷了，再也不会在冰冷潮湿的机舱里瑟瑟发抖了。"在一些福音派社区，女性仍被禁止穿裤子。即便在相对自由的好莱坞，礼裙依然是女性红毯造型的默认选项，虽然越来越多女性开始穿上裤装、西装或连体裤。若一位女性身着西装出席好莱坞活动，往往带有声明意味。2018年Lady Gaga穿着超大号马克·雅各布斯西装出席《ELLE》举办的"好莱坞女性"活动，并在台上表示："作为从小被教导要服从男性的女性，今天我决定夺回权力。今天我选择穿上裤子。"

无论是红毯上还是高管办公室里，女性的着装规范都比男性的更为严格。办公室的温度通常被设置得较低，以照顾身穿西装的男性，这导致不少女性在工位上冷得发抖。女性不仅被要求穿更多种类的服装，还必须追赶潮流，最终不得不在职业装上花费更多的钱。有时，甚至连肉眼看不到的衣物也要受到监管。2019年英国航空公司因要求女性乘务员在制服下穿特定颜色的胸罩而受到工会领导人的批评，尽管该公司对此予以否认。

与男装相比，女装在实用性设计上长期存在不足，其中最典型的例子莫过于口袋。女装上的口袋常常只是装饰性的，要么是假口袋，毫无实际功能，要么太浅，放不了东西。自由撰稿人特蕾西·穆尔提出"口袋平等"的概念。这看似不是什么重大议题，实则触及日常生活中细微却真实的政治层面。女性穿上灯笼裤或骑行服所引发的关于机动性、经济能力和独立性的讨论，也在口袋之争中被重新激活。口袋的缺乏是对女性施加的"粉红税"[1]之一，迫使女性花额外的钱购买手袋。尽管男女都可以使用包袋，17世纪产生的分界至今依然存在——男装内侧缝有口袋，而女性则需携带外部"口袋"[2]。法国大革命后，服装剪裁趋于修身，曾藏在裙下的口袋难以容纳于新的衣形，小手袋和钱包因此兴起。它们容量有限，且失去了原有的隐秘性。这个微小的变化悄然削弱了口袋带给女性的私密性、经济独立与自主性。

19世纪至20世纪初，女性主义者和改革者持续推动口袋在女装中的应用。双手插兜曾被视为男性化的姿势，因此许多追求解放的女性故意摆出这一动作，以示挑战与自豪——妇女参政论者所穿的套装大多配有口袋。直到1974年《平等信用机会法》通过，美国女性才终于能够在没有男性共同签署的情况下开设个人支票账户。文化评论家切尔西·G.萨默斯在Vox网站一篇关于口袋政治的

1　pink tax，指在购买相同或相似功能的产品时，针对女性消费者的价格通常高于男性消费者的现象。这一现象并非实际税收，而是一种由市场和定价策略导致的经济负担。

2　18世纪和19世纪的女性通常会将外置口袋系在腰上，并将它们藏在裙子下方的衣服层中。这些口袋是独立于衣服的布袋，通过小开口可以伸手到达。这一设计既保证了随身物品的隐秘性，也符合当时的衣着结构。

文章中指出，对口袋的恐惧本质上是对隐秘和权力的深层恐惧。"问题不仅仅是女性自信地将双手插入口袋，更是女性的口袋可能藏着某些秘密、某些私密，甚至是致命的东西。"

如今，随着智能手机尺寸不断增大，女性在穿着上愈加受到限制——毕竟大多女装不是没有口袋，就是口袋太小，根本装不下钱包和手机。在没有实用口袋的情况下，所有"理性着装"所承诺的行动自由也就无从谈起。

高跟鞋是另一个典型例子。它原本是男性专属，10世纪波斯士兵穿着它以便将脚稳固在马镫中，直到18世纪初才逐渐被编码为女性化的象征。如今，高跟鞋奇怪地处于性感与职场需求之间。高跟鞋不舒服，影响步伐，还容易造成肌腱拉伤、脚踝扭伤和背部疼痛等健康问题。2015年英国演员尼古拉·索普在普华永道会计师事务所担任临时接待员。第一天，她穿着裤装和黑色平底鞋到岗，却被要求换上连衣裙，就像学生被要求换上更"得体"的衣服才能入校一样。接着，她又被告知公司有一项针对女性员工的规定，如果她不立刻换上高跟鞋，就会被解雇。对此，索普发起了一项反对性别歧视的请愿，获得了超过15.2万人的支持。案件最终被提交至英国议会。在听取医生和女性的证词后，政府发布报告指出，现行法律已禁止雇主强迫女性员工穿高跟鞋，但执行不力。然而，政府并未采取进一步行动，索普称此举为"逃避责任"。她发起的运动虽然未在法律层面取得胜利，但在社交媒体上引发广泛关注，促使许多雇主放宽对女性员工的着装要求。

2019 年日本职场女性发起了一场运动，反对要求女性在办公室穿高跟鞋的普遍规定。这一规定只是日本严格着装规范的一部分，一些公司甚至禁止从事公共服务的女性佩戴眼镜，或者强制要求化妆、穿丝袜。模特兼临时员工石川优实在推特上写道："为什么我们必须在伤害自己双脚的情况下工作，而男性却可以穿平底鞋？"这条推文被数万人转发，引发了"#KuToo"（我也痛）运动。该标签致敬 #MeToo，"Ku"来自日语中的"鞋"与"痛"。石川随后向日本厚生劳动省提交请愿书，呼吁通过立法禁止公司提出此类要求。对此，厚生劳动大臣根本匠回应道，穿高跟鞋"是社会普遍接受的职业需要和得体规范"。带有性别歧视的着装规范始终以此类逻辑自圆其说。

时尚中的性别歧视不仅令人不适，还消耗女性的时间与精力。更糟糕的是，它常被用作质疑性侵受害者的工具，"你当时穿的什么"仍是受害者最常被问到的问题之一。2019 年一场以此为名的展览展出了受害者在遭受侵害时所穿的衣物——从运动服、棒球帽、印度纱丽到军装。学术期刊《法律与不平等》引述了 1989 年的一起性侵绑架案，陪审员宣判被告无罪，理由是受害者的衣着暗示她当时在"招揽他人提供性服务"，甚至称"她显然是为了好好享受才穿成那样"。衣着与性侵毫无关系，然而，依据女性的穿着来指责她们"自找麻烦"的观念仍然顽固存在。1999年意大利一法院甚至裁定穿牛仔裤的女性不可能被强奸，理由是牛仔裤太难被他人脱下。在这种责备受害者的观念下，改变的责任被推到女性身上，要求她们避免穿着可能"挑衅"男性的衣服。尽管男性也可能成为性侵受害者，但他们的穿着绝对不会被指责。

近年来，舒适感逐渐成为时尚的代名词，这一趋势甚至延伸至时装秀场。保罗·普瓦雷和可可·香奈儿的当代继承者们正茁壮成长。菲比·菲洛、奥尔森姐妹和瑞秋·科米等设计师，因兼顾实用性与舒适感的作品而备受推崇。菲洛在2013年为思琳春夏系列设计的丝巾印花裙裤，致敬品牌1910年的经典款式，并迅速流行于大众市场。2016年维多利亚·贝克汉姆在自家品牌的时装秀谢幕时，脱下她惯穿的高跟鞋，改穿阿迪达斯网球鞋登场。勃肯与华伦天奴、普罗恩萨·施罗等高端品牌的联名合作，使这种舒适的软底鞋成为时尚风向标。时尚越来越趋向性别中立，让人们能够选择既符合自我认同，又舒适自在的服饰。尽管灯笼裤和"理性着装"只是特定年代的短暂潮流，但它们所倡导的舒适理念，始终未曾过时。

在新冠疫情之前，时尚已经朝着提升舒适度和拓宽自我表达的方向发展，而居家生活无疑加速了这一进程。人们开始重新思考，究竟时尚与美容的哪些方面是"为了自己"，哪些只是为了取悦他人。全妆和令人不适的黑色紧身衣不再被默认为常态，反而更像是低级酷刑。从灯笼裤到紧身裤，女性通过各种风格尝试以时尚来表达自己、追求自由。于是我们迎来了一个"真理时刻"：当被问到"如果没人看，你会穿什么"时，答案不再是那些刺挠、不服帖、脱下后会留下压痕的衣服。

但"为自己而穿衣"是一个复杂的议题。时尚真的能脱离环境独立存在吗，还是它总需回应某种互动？疫情或许是验证这一问题的绝佳场景。没有了陌生人赞许的目光、因项链而展开的话题，甚至那种穿着怪异衣物的反时尚宣言也失去了旁观者的反应，失去社交功能的时尚犹如哲学命题中的"倒在林中的树"[1]。当年灯笼裤舞会上的进步女性，某种程度上也是在通过服装寻找同伴。时尚既是自我表达，也是交流方式。而当这场对话失去了回应者，某些意义也随之消散。

---

[1] 来自"假如一棵树在森林里倒下，四下无人听见，那它到底有没有发出声响"，这是经典的哲学思考实验，由哲学家乔治·贝克莱在《人类知识原理》一书中提出，探讨不被感知的存在是否可能。

政治与时尚：女性现在赢不了

最近，我看到了一个从未想过会见到的场景：一位现任女议员在 YouTube 上教粉丝化妆。电脑屏幕上，亚历山德里娅·奥卡西奥－科尔特斯[1]一边画眉，涂上她标志性的鲜红唇釉，一边谈论"粉红税"和女性在职场遭遇的外貌歧视。她轻轻一刷，不仅让自己准备好面对高清镜头，也在拆解一个依赖不透明度运作的系统，揭示她职业背后那些未被承认的美妆劳动。这个行业中，无论男女，很少有人愿意承认自己注射过肉毒杆菌或购买过奢侈服饰。

科尔特斯经常在社交媒体上分享这些幕后瞬间，并为粉丝详细解读政策制定中的各种细节。你可以在上面看到她的一切：由 Rent the Runway[2] 组成的衣橱、穿戴式美甲、不易掉色的口红。她甚至骄傲地展示竞选期间挨家挨

1　亚历山德里娅·奥卡西奥－科尔特斯（Alexandria Ocasio-Cortez），美国民主党政治人物，于 2018 年成为当时最年轻的女性国会众议员，年仅 29 岁，一举震惊美国政界，也打破了许多人对政治从业者的固有印象。

2　美国女装租赁网络平台，提供高端时装租赁服务，消费者只需支付几十美金，就能租用一件高端礼服 4 到 8 天。2019 年 3 月，该平台估值突破 10 亿美元，成为全球最具价值的时尚租赁平台。

户敲门时磨破的鞋子，它象征着竞选中不那么光鲜的真实辛劳。

这种坦率在政界，甚至在像科尔特斯这样一位"千禧世代"的左派政治家身上都极为少见。这或许是策略上的进步，用来回应外界对女性议员权威性的质疑。无论是共和党还是民主党的华盛顿当权派，都感受到了这位有色人种年轻女性所带来的威胁。她出身草根，有着进步的政治主张。他们的应对方式便是不断质疑她的资历，而这场公信力之争也延伸到时尚领域。科尔特斯刚进入国会时，记者埃迪·斯卡瑞在推特上写道："国会山一位工作人员刚发来他们为奥卡西奥 - 科尔特斯拍的照片。说实话，那件外套和大衣看上去可不像是一个艰苦奋斗的女孩该有的。"从一套穿搭推演出如此多的偏见，以假意恭维、实则嘲讽的语调表达，透着居高临下的傲慢。她看起来过于稳重、过于优秀，难以让人相信她出身贫寒。然而，即使她邋邋遢遢地出现在国会大厅，也一样会遭到指责。她在推特上的回应，直接反击了外界对她穿着的过度关注："如果我穿着麻袋走进国会，他们会大笑并拍下我的背影；而如果我穿上自己最好的打折衣服走进国会，他们依旧会大笑并拍下我的背影。"后来，她补充道："记者之所以无法停止关注我的服装和房租，并把互相尊重的讨论错误解读为'争吵'，是因为像我这样的女性不该竞选公职，更不该获胜。"当她穿着价值 3500 美元的衣服为《采访》杂志拍照时（和大多数杂志拍摄一样，这些衣服也是借来的），她被保守派评论员查利·柯克批评为"假装成人民领袖的人"。她还因花 300 美元做发型而遭到抨击。《华盛顿时报》讽刺道，"自称社会主义者"的科尔特斯竟然在美发沙龙花了三位数，这或许能说明她的伪善。科尔特斯的例子证明，在政治领域，女性是否努力并不重要，无论如何她们都难逃失败的宿命。付出努力会被解读为愚笨和肤浅，甚至可能动摇根基；而不够努力，则会被视为懒惰。

自开国元勋时代起，美国政治家便被要求展现谦逊、得体的形象。正如历史学家 R. B. 伯恩斯坦所言："最好保持尽可能朴素、简约的共和派风格；炫富则意味着你亲贵族，甚至有君主制倾向。"在力图与欧洲政治体制区隔的过程中，美国政治至少表面上保持了某种平等主义的姿态。

政治家越来越像明星，但他们终究是公务人员，在两者之间维持平衡已愈发困难，稍有不慎便会坠入深渊。我们喜欢看明星穿着借来的高定礼服出现在首映礼上，也喜欢看他们"像我们一样"穿着宽松的旧 T 恤喝咖啡。然而，政治家必须在这两种形象之间找到平衡，尤其是许多政客出身上流社会，这种平衡便显得不那么自然。就在此时，时尚以其最直接的形式——服装——发挥作用。那套麻烦的亲和力逻辑悄然登场，"你想和这个人一起喝啤酒吗"是永恒的问题，仿佛民选官员的主要职责是成为值得信赖的朋友。亲和力与权威性虽不是一回事，但前者算是后者的亲戚，而时尚则是将两者连接（或至少看起来像是）起来的桥梁。

即使对男性而言，时尚宣言也是一种政治资产，抑或负担，取决于具体情境。阿尔·戈尔[1]的形象顾问为他搭配了大地色系服装，让他看起来更像"阿尔法男"[2]。小布什用牛仔裤和皮带扣打造西部牛仔风格，试图弱化他的私立学校和耶鲁大学精英背景，借此提升民粹形象。罗纳德·里根也曾以牛仔上衣配牛仔裤的乡土装扮现身，从锦衣玉食的好莱坞明星变成所谓的人民公仆。在这些影响下，"华盛顿局外人"的形象渐渐树立起来，政客们撸起袖子，仿佛从《史密斯先生到华盛顿》[3]里走出的独行侠，准备在这广阔天地大干一场。约翰·F. 肯尼迪因不戴帽子而被视为一股清流，甚至赢得了"无帽杰克"的绰号。但他比表面上看起来更在意形象。在 1960 年与理查德·尼克松的总统辩论中，肯尼迪特意化了妆，而尼克松则素颜

1　阿尔·戈尔（Al Gore, 1948— ），美国政治家。1993 年至 2001 年，比尔·克林顿执政时期，担任美国副总统。

2　alpha male，指在人类或动物群体中处于统治地位的男性，通常表现为自信、果断、强硬的特质。在流行文化和媒体中，该形象往往与传统阳刚气质、事业成功和领导力挂钩。

3　*Mr. Smith Goes to Washington*，由弗兰克·卡普拉执导、詹姆斯·斯图尔特主演的经典美国电影，讲述了一个天真、正直的乡村青年杰逊·史密斯意外被任命为美国参议员后，发现华盛顿政界充满了腐败、阴谋和利益勾结。尽管面临巨大的政治压力，他依旧坚持正义，试图揭露腐败和保护自己的理想。

登场。肯尼迪敏锐地意识到电视在竞选中的决定性作用，妆容打造的年轻面庞击败了来不及处理小胡茬的"狡猾迪克"[1]。观看电视的人普遍认为肯尼迪会获胜，而收听广播的人则更倾向于尼克松，这一现象凸显了视觉媒介在塑造观念中的作用。

竞选人甚至借用军装来展现男子气概，并暗示自己与军队的联系。1988 年，时任马萨诸塞州州长的迈克尔·杜卡基斯在竞选中力图证明自己的军事能力，尤其是在面对"二战"英雄老布什时。（尽管他并没有什么军旅经历，美联社以《杜卡基斯的军旅生涯平淡无奇，大火后仅存记录寥寥》作为标题总结了他的服务经历。）对此，老布什嘲讽道："他以为海军演习能从简·方达的健身书里学到呢！"为打破这一印象，杜卡基斯发布了一张尴尬到极致的照片：他头戴巨大的头盔，驾驶着坦克，模样极具卡通感。这张照片让他在传统军事技术演讲中的努力毁于一旦，还让他看起来软弱无力、不知所措。老布什最终将这张照片用在攻击性竞选广告中，为自己谋得了优势。

小布什的军事履历并不出色。越战期间，他和许多得克萨斯州的特权子弟一样，加入了得州空军国民警卫队，以此避开正面战场，但这并不妨碍他向战士形象靠拢。他

1　尼克松的绰号，源自他名字中"理查德"的昵称"迪克"，而该词也有"讨厌的家伙"的意思。这个绰号由尼克松在 1950 年加州参议院竞选中的对手海伦·加黑根·道格拉斯提出。

曾身着标志性的飞行服，登上"亚伯拉罕·林肯"号航空母舰，发表"使命已达"演讲。（坊间有传言称，他在飞行服裆部加了衬垫。）一场形式重于内容的大师级表演，一个无真正军事经验的人借用军装邀功，为一项未完成的任务画上句号。毕竟，他是站在星条旗前做的宣告，使命是否达成，谁又能确切知晓呢？

贾里德·库什纳[1]在将时尚作为宣传手段这套把戏上并不那么成功。他访问伊拉克时，身穿时髦的海军蓝西装和牛津衬衫，再加上一件防弹背心，还别出心裁地贴上写有自己名字的标牌，整个造型仿佛应召入伍的霍尔登·考尔菲尔德[2]。这一穿搭迅速引发推特上的配文狂欢："准备攻打马撒葡萄园岛""7点开战，8点要去打槌球""如果韦斯·安德森[3]拍了部战争片"。本应在中东调解和平的人，却像个脱离现实、享受特权的小学生。吉米·法伦在《周六夜现场》中穿上同款背心模仿他。无论这是否为战术性的时尚尝试，单靠一件防弹背心并不能让他看起来更具军人气质，反倒进一步突显了他纨绔公子的形象。

男性政治人物有时也会因衣着不当，或者在时尚和美

---

1 贾里德·库什纳（Jared Kushner, 1981— ），唐纳德·特朗普的女婿，2016年美国总统竞选期间特朗普最信任的幕僚成员之一。

2 《麦田里的守望者》的主角，焦虑迷茫、离经叛道的青春期少年，美国当代文学中经典的反英雄形象。

3 韦斯·安德森（Wes Anderson, 1969— ），美国电影导演、编剧，代表作有《布达佩斯大饭店》《犬之岛》等。

容方面花费过多而遭到批评。约翰·爱德华兹[1]的400美元发型就是经典例子。然而，主要压力还是落在官员中仅占少数的女性身上。她们必须在红毯风采与亲民形象之间找到当代政治所需的微妙平衡。一旦未能达到预期，她们就会受到指责，正如科尔特斯一再遭遇的那样。

　　第一夫人往往拥有比民选官员更大的时尚自由，从杰奎琳·肯尼迪那出自奥列格·卡西尼[2]之手的包臀裙，到南希·里根的阿道夫[3]套装。米歇尔·奥巴马的时尚选择受到的褒贬不一。她让吴季刚[4]等年轻设计师获得了关注，但也因穿昂贵的浪凡运动鞋参加食物银行志愿活动而受到指责。对梅拉尼娅·特朗普穿搭的评价则更为两极化。风格系克里姆林学家[5]声称，她的着装暗藏反叛线索。蝴蝶结上衣似在呼应丈夫的粗鄙言论——"抓住她们的阴

1　约翰·爱德华兹（John Edwards，1953—　），2003年美国民主党副总统候选人。400美元理发发生在2007年4月18日，此前的1月3日，他宣布参加2008年美国总统竞选。

2　奥列格·卡西尼（Oleg Cassini，1913—2006），时装设计师，为杰奎琳打造了许多标志性造型，包括包臀裙、A字连衣裙和无袖礼服等单品，这些作品以精致的剪裁和优雅的质地塑造了杰奎琳高雅、从容的形象。杰奎琳的造型在某种程度上象征了当时美国的新气象。

3　阿道夫（Adolfo，1923—2021），西班牙裔美国时装设计师，以其简洁、优雅的风格而闻名。这件套装通常指的是一件经典的黑色裙装，搭配简约的外套，展现出南希·里根典雅、精致的风格。

4　吴季刚（Jason Wu，1982—　），加拿大时装设计师，因设计米歇尔·奥巴马在总统就职典礼的礼服而扬名国际。

5　Style Kremlinology，一种比喻性的说法，指的是那些通过时尚和着装来揣测某人（通常是名人或政治人物）意图、态度或内在信息的评论家。借用了冷战时期的克里姆林学家，即那些研究苏联政治、试图通过蛛丝马迹来解读苏联政府意图的专家。

部"[1]。在古驰的支持堕胎时装秀后，她身穿该品牌连衣裙现身。但这些解读未免太牵强附会。不分场合的穿搭失误也层出不穷。她头戴带有殖民主义色彩的木髓帽[2]出访肯尼亚，脚踩高跟鞋慰问哈维飓风受灾民众，给人留下殖民主义遗风的印象。最为惊人的错误是，她探望因丈夫的政策而与家人失散的移民儿童时，身穿一件印有"我真的不在乎，你呢？"字样的夹克。此举引发轩然大波，并提醒我们，当一个对象缺乏实质内容时，风格便成了唯一值得评判的内容。这件夹克迅速被纳入"她是不是共犯"的论战中。她的发言人随后以经典说辞否认了与时尚有关的指控："这只是一件夹克，没有任何潜在含义。"时尚的被动特质使它能被轻易否决，从某种意义上讲，无论她想传达什么信息，时尚都是完美的媒介。

但女性政治家面临的审视越来越严苛。作家玛格丽特·阿特伍德曾在 BBC 节目中与古典学家玛丽·比尔德对谈，她说道："政界整体上是地狱，但我认为对女性而言可能是双重地狱，因为她们不仅要登上高位，还要有漂亮的发型。"

---

1 这句话来自 2016 年美国总统大选期间《华盛顿邮报》的报道。这篇文章揭露当时的总统候选人唐纳德·特朗普在 2005 年与电视主持人比利·布什之间"针对女性的、极端猥亵的谈话"。特朗普描述了他引诱已婚妇女的事迹，说道："我连等都懒得等，当你是个明星时，她们会纵容你，你想做什么都可以。抓住她们的阴部，你想干什么都行。"该句"阴部"一词的英文"pussy"与蝴蝶结的英文"pussy bow"一致。

2 一种轻便的头盔，最早由菲律宾土著使用，由当地木髓或其他植物材料制成。它带有欧洲殖民主义的象征含义。

我们接受，甚至鼓励第一夫人展现些许魅力，但女性政治家却无法获得同样的宽容。几年前，耶鲁大学法学院举办了一期女性竞选培训营，其中包含一个名为"衣装致胜"的两小时课程。2016 年芭芭拉·李家庭基金会发布了一份名为《政治的即个人的：女性亲和力与当选的关键》（"Politics is Personal: Keys to Likeability and Electability for Women"）的研究报告。他们调查了七个焦点小组中的选民，得出结论：亲和力对女性竞选者来说是"必不可少的"，而男性则不然。但亲和力这种特质本身既难以言喻，又难以定义。这意味着女性若想赢得好感，必须付出很多很多努力。（另外，如果你总是担心别人不喜欢你，尤其是作为女性，你并不孤单。）

那么，女性应如何通过时尚来传达亲和力呢？显然，她们不能像里根或小布什那样依靠牛仔造型。（钟爱西部风格的众议员弗雷德丽卡·威尔逊[1] 因批评特朗普而被称为"丑角""戴牛仔帽的小丑"。）焦点小组告诉研究人员，如果要给女性竞选者提建议，他们会建议确保穿搭、妆容和外表均无可挑剔。要想在完美、从容与高调之间找到平衡，注定是一笔不小的开销，这也正是许多造型顾问拿到六位数薪水的原因。

1　弗雷德丽卡·威尔逊（Frederica Wilson, 1942—　），美国政治家，自 2011 年起担任美国众议院议员，喜欢戴色彩缤纷的大帽子，努力让美国国会取消自 1837 年以来在众议院会议期间戴头巾的禁令。

对女性政治家的着装要求一向严苛。1969 年众议员夏洛特·里德成为首位在众议院穿裤装的女性，而且穿的是喇叭裤。一位国会议员走过来对她说："听说这儿有位穿裤子的女士，我必须来看看。"相比之下，参议院的进步更为缓慢。每位进入参议院的女性都要接受"看门人"对穿着的审查，经常被迫换上裙子才能出席会议。尤为令人沮丧的是，男性参议员在周末会议[1]上可以穿卡其裤等休闲装，而女性参议员仍需穿连衣裙和裤袜。直到越来越多的女性加入参议院，这一不公平的双重标准才有所松动。1993 年参议员卡萝尔·莫斯利－布朗在上班第一天穿了裤装，事后才知道参议院并不喜欢女性穿裤子。同年，参议员芭芭拉·米库尔斯基在一个雪天决定穿裤子上班。她在青年媒体平台 Vice 的采访中回忆道："我只是想穿得舒服点，休闲裤最舒服了。"米库尔斯基成功向高层确认参议院并没有明确的裤装禁令。她和另一位参议员南希·卡斯鲍姆挑了一个周末穿着裤子出席会议，并鼓励其他女性工作人员效仿。米库尔斯基将此称为"地震事件"，为政界女性穿裤装铺平了道路，包括与裤装联系最紧密的政治家希拉里·克林顿。（希拉里后来成为首位，也是迄今唯一穿裤装拍摄官方肖像的第一夫人。）

早年间，政界女性常遭遇性别歧视和身体羞辱等不公

---

1 国会在周末召开的会议。这种会议通常是为了应对紧急事务或在议事日程繁忙时加速立法进程。

待遇。如果今天这样的事发生在科尔特斯身上，她一定会毫不留情地回击。莫斯利－布朗在 Vox 的采访中回忆道，作为 20 世纪 90 年代的参议员，她曾"登上《女装日报》封面，确切地说，是我的屁股，标题写着'香奈儿毛衣套装不该这么穿'"。直到不久前，众议院仍然禁止包括记者在内的人员穿无袖上衣，这项政策主要针对女性，毕竟商务男装几乎没有无袖款。尽管众议院没有成文的着装规范，但 2017 年时任众议院议长保罗·瑞安在公开场合强调："议员应穿得体的商务装。"看来，在美国，持枪的自由往往比穿无袖上衣的自由更容易被捍卫。（在批评声中，瑞安同意顺应时代，为无袖连衣裙和露趾鞋开了绿灯。）

与竞选者形象相悖的时尚风格可能会削弱信息的传达效果。这也是为什么伯尼·桑德斯常夸耀自己从不穿燕尾服。（他曾因穿着标价近 700 美元的夹克而遭到抨击，他给出的理由是佛蒙特州天气寒冷。）来自阿拉斯加的"冰球妈妈"萨拉·佩林[1] 成为约翰·麦凯恩的竞选搭档时，共和党全国委员会为她和家人在尼曼·马库斯和萨克斯第五大道百货店花费了 15 万美元购置衣服。一位共和党顾

---

[1] 萨拉·佩林（Sarah Palin，1964—　），美国政治人物、记者，2006 年至 2009 年出任阿拉斯加州州长，是阿拉斯加州历史上最年轻的州长，也是首位担此职务的女性。2008 年被共和党总统候选人约翰·麦凯恩选为副总统竞选搭档，成为共和党首位女性副总统候选人。冰球妈妈（hockey mom）类似足球妈妈（soccer mom），指的是那些生活在中产阶级郊区的母亲，她们通常将大量时间花在接送孩子去冰球训练和比赛上。这个标签带有一些"顽强、保护性强"的含义。冰球作为一项对抗性较高的运动，比足球更容易让孩子受伤，因此需要母亲具备更多的毅力和支持力。佩林在竞选中主动拥抱了这个标签。

问告诉《纽约时报》，"衣柜门"事件削弱了佩林作为"冰球妈妈"接地气的形象。佩林的顾问们随即强调，她本人并未直接参与这次购物。

时尚也可以像某位话题人物所说的那样"传递信息"，强化候选人想要塑造的形象。在南希·佩洛西与特朗普总统就政府停摆一事进行磋商后，她身穿锈红色 Max Mara 大衣得胜而归。这件大衣因此大受追捧，品牌甚至重新推出了该款式。在乔治·弗洛伊德等美国黑人遭遇警察暴力执法致死的一系列事件后，佩洛西与参议员查克·舒默发布《警务公正法》时，二人身披加纳传统肯特布披肩，这一举动受到不少批评。"这项法案的正式推出并不需要这种视觉噱头。"《纽约客》的多琳·圣费利克斯在评论中写道，"但民主党显然无法抗拒借助视觉元素吸引选民……向选民靠拢的企图反而让他们显得愚昧。"这样的着装选择只会让人觉得自由派中间人士只是出于政治利益才会参与公共事业，这与民主党市长委托创作但未产生任何实质影响的"黑人的命也是命"墙画相差无几。

有一位政治家因其穿搭风格饱受争议，甚至让时尚成为各类批评的代名词。她就是希拉里·克林顿。在她的回忆录《何以致败》（*What Happened*）中，她提到自己选择标志性的裤装，原因是"觉得像男政治家一样，每天穿差不多的衣服挺好的"。男性政治家类似的时尚策略往往未曾引起关注，甚至偶尔还会受到赞扬。例如，奥巴马对灰色和蓝色西装的偏好曾被《快公司》杂志誉为他的"高效秘诀"之一。奥巴马唯一面临的时尚批评是在讨论叙利亚问题时穿着"过于休闲"的棕褐色夏款西装。与此同时，美联储主席提名候选人珍妮特·耶伦[1]因在相隔一个月的两次公开活动中穿了同样的衣服，就遭到媒体的口诛笔伐。这种双标同样影响到希拉里。她似乎无法逃脱公众对其穿搭的评判，无论正面的还是负面的。她的裤装不断被翻出来讨论，其中既有嘲讽也有赞美，她的彩虹色调搭配甚至成为经典迷因。

在希拉里选择裤装之前，她的发带风格就已成为争议的焦点。20世纪90年代，她频繁佩戴发带，《今日美国》曾形容她的发带为"头铁"，并引用一位发型师的话称，希拉里已四十多岁，过了佩戴发带的年纪。当她放弃发带，开始改变发型和穿搭时，批评者则认为她的反复变化类似于约翰·克里的帆板[2]。这种变化与政治意识形态无关，却可以使她被描绘成优柔寡断、不值得信赖的人。如果你觉得这有些夸张，可以看看一位记者的说法："这会对国家认同感造成困扰……毕竟，你不会希望看到自由女神像

1　珍妮特·耶伦（Janet Yellen，1964—　），美国经济学家，在2014年成为美联储历史上首位女性主席，任期至2018年。2021年被美国国会参议院投票批准出任第78任财政部长，成为美国历史上首位女性财长。

2　美国前民主党总统候选人约翰·克里是帆板运动的一把好手。2004年前总统小布什在竞选中对上克里，前者在一则竞选广告中拿后者的帆板做文章，嘲讽他是个反复无常、优柔寡断的人。

每周换一款裙子。"人们期待希拉里像那座雕像一样，成为永恒不变的象征。

当她成为参议员候选人，后来又竞选美国最高职位时，嘲笑声愈发响亮。2008年竞选期间，媒体热衷于评论她的发饰，她曾开玩笑说要把自己的书名改成《发带编年史：112个国家与我的头发息息相关》。同时，她的公信力也遭到质疑，特朗普甚至指责他的竞选对手戴假发。外表再次成为质疑希拉里可信度的依据。"她的头发是假的"，那么"她理所当然是班加西事件[1]的始作俑者"。

但当希拉里尝试走高端时尚路线时，批判声依然不断。她曾穿着一件售价12495美元的阿玛尼外套发表关于收入不平等的演讲。虽然衣服的价格与演讲的主题确实不搭，但换个角度看，希拉里作为一位富有的女性，难道就必须装作没钱吗？更何况，特朗普钟爱的布里奥尼（Brioni）西装可一点也不比阿玛尼便宜。对希拉里穿着的批评常常带有性别歧视的色彩，这是不可否认的事实。然而，我认为完全忽视公众人物的视觉形象也是不合理的，我们应该更平等地看待他们。如果一位女性像特朗普那样炫富，她很难成为总统。

即使是希拉里的支持者，往往也会将她简化为发型、

1　2012年9月11日发生在利比亚班加西的美国领事馆遭袭事件。在这次袭击中，美国驻利比亚大使和其他三名美国人不幸遇难。希拉里作为当时的国务卿，在班加西事件中承担了领导责任，并受到了政治和法律上的影响。尽管面临指责和质疑，但最终调查报告并未提供更多希拉里失职的证据。

裤装等视觉元素的拼凑形象，尤其是在时尚界。当希拉里在 2016 年竞选总统时，我写了一篇文章分享自己的观察。从我获得的（难免）以时尚为中心的推文来看，许多人赞扬希拉里 70 年代的嬉皮士风格或 90 年代的露肩时尚造型，却鲜少提及她现在的形象和穿着。甚至连她的社交媒体团队也采用了类似的策略，发布了希拉里在北京演讲时的旧照、她站在克林顿 / 戈尔竞选专机前的照片，以及她和丈夫一起吃早餐的照片，配文仅为“1979”。在竞选辩论前夕，她还发布了一张 1999 年的照片，照片中她倚靠在墙边，戴着墨镜，针织衫随意地系在肩头，配文“我们上吧。# 辩论之夜 #”。

　　这位年近七十岁、穿着舒适但不时尚的单色裤装、对落伍泰然处之的民主党候选人，当前的形象令公众不悦。这种情绪和将她简化为某种时尚宣言的需求，反映了我们对女性政治家一贯的苛刻标准。这种标准不仅适用于她，还延伸到公共领域中的大多数女性，社会期待她们满足公众对时尚的幻想。与时尚相关的希拉里迷因层出不穷，从致敬“死囚唱片”[1] 到 Instagram 账号 @希拉里街头时尚（主题是将她与其他名人的穿搭进行对比）。希拉里 90 年代的形象曾出现在蕾哈娜穿过的一件 T 恤上，她的竞选

1　Death Row Records，一家传奇的美国唱片公司，以嘻哈音乐和匪帮说唱风格闻名，挖掘了许多饶舌巨星，是西岸嘻哈史上最重要的厂牌之一。

商品中也有一款印有大学时期黑白照片的黄色 T 恤。希拉里如今的形象却鲜少受到同样的赞美，这里面可能潜藏着（或许无意识的）年龄歧视。这种对比和批评在女性生活方式网站 Hello Giggles 发布《10 张会让你心动的希拉里·克林顿旧照》后达到顶点。很遗憾地告诉你，其中一张是希拉里、她的丈夫及国安团队坐在战情室里接收突袭奥萨马·本拉登的战报（该照片似乎已从文章中删除）。

我当时写道，希拉里"要成为总统，不需要强势、霸气，更不需要成为时尚偶像"。但问题的一部分在于，政治文化越来越趋向名人文化。整个新闻周期可以完全围绕希拉里"回击"对手展开。甚至连最高法院的法官也有了粉丝，阿曼达·赫斯曾撰文探讨露丝·巴德·金斯伯格[1]在网上的狂热粉丝（他们称她为"'声名狼藉'的 RBG"）。这股浪潮将她塑造成最为进步的大法官，但正如赫斯所指出的，最进步的大法官其实是索尼娅·索托马约尔[2]。金斯伯格曾与化石燃料行业站在一起，支持限制庇护的裁决等。但在她的粉丝眼里，这些不那么美好的事实并不重要。相反，他们从她的颈饰上寻找线索，包括钩针

---

1 露丝·巴德·金斯伯格（Ruth Bader Ginsburg，1933—2020），美国法学家，在比尔·克林顿总统任内获提名，担任美国最高法院大法官，是继桑德拉·戴·奥康纳之后的第二位女性、首位犹太裔女性最高法院法官。

2 索尼娅·索托马约尔（Sonia Sotomayor，1954—　），美国法学家，在奥巴马总统任内获得提名，担任美国最高法院大法官，是第三位女性、首位有色人种女性最高法院法官。

编织的"多数意见"衣领[1]、"异议"围兜式项链[2]。这些配饰成了破译她裁决的关键（当你的工作服是一件黑色长袍时，配饰便成为表达真实意图的唯一途径）。

赫斯写道，我们生活在一个将政治人物当作花哨流行文化产品消费的世界。希拉里、金斯伯格和伊丽莎白·沃伦[3]等女性政治人物的形象被商业化，甚至出现在像 Esty[4]这样的电商平台上，但这不是什么值得庆祝的事。背后的原因仍是，女性政治人物要么被批评，要么被捧为类似皮克斯电影中的精灵女主角。在公众的想象中，她们不是操纵选票、身怀不可告人秘密的人，而是永远无瑕的宠儿，在网络世界中更是如此。卡玛拉·哈里斯[5]的粉丝自称为"卡蜂巢"（K-Hive），效仿碧昂斯粉丝的"蜂巢"（BeyHive），随时准备为"女王"挺身而出。这种现象导致人们（包括进步人士，甚至进步女性）无法分析这些女性政治家的真实面目，而她们所遭到的性别歧视（及哈里

1　"多数意见"是指经过半数以上法院成员同意的司法意见。这款衣领是金斯伯格大法官在宣布多数意见时常佩戴的衣领，出自品牌 Anthropologis，是她的律师书记员送给她的礼物。

2　出自美国服饰品牌 Banana Republic，是金斯伯格出席 2012 年度杰出女性颁奖礼上获得的伴手礼。在一次访谈中她提到"它看上去很适合异议"。

3　伊丽莎白·沃伦（Elizabeth Warren，1946—　），美国民主党政治人物，曾在 2020 年参加总统竞选，因初选表现不佳而退出。

4　一个以手工艺品为主的电商平台，通常是独立创作者或小型商家在上面销售商品。

5　卡玛拉·哈里斯（Kamala Harris，1964—　），美国民主党政治人物、律师，第 49 任美国副总统，美国历史上级别最高的女性官员，也是首位女性副总统、首位非裔副总统和首位亚裔副总统。

斯和科尔特斯等人面临的种族歧视）更让这一过程变得困难。然而，饭圈文化并不能起到反抗的作用，将建设性批评视为性别歧视，对任何人都没有好处。

然而，关注女性政治家的穿着常被视为一种肤浅且具有歧视性的行为。与"# 多问她"（#AskHerMore）类似的运动，旨在敦促红毯记者避免问"你穿的是什么"之类的问题。这类运动兴起后，任何关于时尚的讨论几乎都被避而远之。《福布斯》曾发表文章，表达对"总统时尚警察"的不满。2020 年大选前夕，《纽约时报》为其有关政界时尚的报道辩护，发表了一篇题为《为什么我们要报道政治家的着装》的文章，文中语气疲惫不堪，仿佛是在向爷爷解释抖音是什么。

从积极的角度看，女性政治家的概念正逐渐变得正常，性别在这一身份中的影响可能会逐渐消退。当女性不再是某些社会角色中的特例时，我们有望更客观地看待她们。2018 年民主党大获全胜，更多女性议员进入政坛，其中就包括科尔特斯和伊尔汗·奥马尔，她们使休闲装在政界变得更加可接受。2020 年科里·布什当选议员后，在推特上分享自己购买二手职业装的计划，她写道："身处国会的普通人面临一个现实——国会山要求的商务装真的很贵。"这些政府新人揭开了政治进程的神秘面纱，也让"首都圈"[1] 时尚更加平等，至少不再那么矫揉造作。

1　Beltway，指的是美国华盛顿特区周围的 495 号州际公路环线，通常用来引申指代那些生活或工作在美国联邦政府内部的人士。

政治时尚也逐渐变得更具实用性。正如文章开头提到的科尔特斯那双磨破的鞋，议员的工作需要长时间站立，因此舒适度尤为重要。考虑到这一点，哈里斯或许该直接与匡威签代言合同。打破政坛着装规范的，少不了温迪·戴维斯的贡献。2013 年她穿着一双亮粉色运动鞋，在得克萨斯州参议院进行了一场长达 13 小时的冗长辩论[1]。尽管高跟鞋仍是主流，戴维斯的运动鞋却更适合这场政治马拉松，尤其考虑到她的目标是阻止在得克萨斯州实施严格的堕胎限制法案。不出所料，媒体对她运动鞋的赞扬甚至超过了对辩论内容本身的关注。

问题不在于时尚掩盖了实质，而在于时尚有意将实质边缘化。当政治变得像职业摔跤般戏剧化，处处充满为表情包而生的时刻（例如撕毁纸张的激情瞬间），浮夸的时尚宣言便显得不足为奇。如果风格成为唯一的沟通方式，其重要性也便愈加突出。近年来，几次国情咨文讲话中，服装成了无声的反驳。2018 年一群民主党女议员穿上一身黑，声援 "#Time's Up" 运动[2]。2019 年她们又穿上白色衣服，向妇女参政论者的代表色致敬，这同样是对特朗普议程的一种象征性抵制。服装颜色的选择将团体内的女性巧妙地融合在一起，既展现出一致性，又不失个性。曾

1　议会中少数派议员通过延长发言或程序性手段阻挠立法或决策进程，以迫使多数派妥协或推迟议题的策略。

2　由好莱坞女演员在 2018 年 1 月 1 日发起的反性侵运动，与 "#MeToo" 运动相呼应。

有一批女性政治家，她们会在重要时刻特意选择黑白配色，其中包括首位黑人女议员雪莉·奇泽姆，她在上任第一天、宣布参选总统时均穿着黑白配色；首位女性副总统提名人杰拉尔丁·费拉罗在接受提名时也选择了这一配色；希拉里在职业生涯中也多次选择黑白两色，包括在特朗普的就职典礼上。

《卫报》曾调查哪些话题的评论被屏蔽率最高，结果"时尚"类高居榜首，甚至超过了"世界新闻"类。这还是在《卫报》本身立场亲左的背景下统计的。女性政治家颇具争议的时尚表现自然不只限于美国。以色列前总理果尔达·梅厄对时尚完全不屑一顾，认为时尚是"强加于人的、对自由的束缚"。然而，多数女性政治家仍通过时尚为自己谋加分。英国首位女首相玛格丽特·撒切尔用蝴蝶结衬衫、手袋和珍珠项链柔化了严肃的套装风格，与她被称作"铁娘子"的朴素形象形成反差。印度前总理英迪拉·甘地则偏爱穿卡迪布。这种布料产自印度，由"圣雄"甘地推广，象征印度从大不列颠手中争取经济独立的手段。近年来，活跃于世界政治舞台的人物意识到穿着还能助力本国 GDP，例如新西兰总理杰辛达·阿德恩时常身穿本土设计师的作品，借此推动新西兰的时尚产业。

她们也未能免于批评。来自保守党的特蕾莎·梅在担任英国首相期间，因穿豹纹小猫跟鞋和价值 1000 英镑的皮裤而被嘲笑为轻浮。（如果她像工党领袖杰里米·科尔宾一样选择风格介于休闲和邋遢之间的运动服，批判声可能会更甚。）梅与苏格兰政府首席大臣妮古拉·斯特金会面讨论英国脱欧事宜时，两人都穿着裙装和高跟鞋。当天《每日邮报》以"先别管脱欧，看谁的腿赢了？"为标题刊登了一篇报道。

在美国，反精英的国民特质让每位民选官员都必须展现出"人民代表"的形象，尽管大多数"首都圈"人物并非工薪阶层出身。结合华盛顿特区保守的穿衣风格倾向，这条形象之路如履薄冰。政治人物也许在努力与时尚界的精英气质保持距离，但这并不妨碍他们与富有的捐赠者共同出席活动，或者臣服于强大的利益集团，尽管两党都强调反精英立场。

这场游戏的资深玩家明白，无论穿什么都会被剖析和解读。因此，他们选择利用这种力量，而非回避。如果穿着注定会引发评论，何不让它更具意义？2018 年新一届国会议员宣誓就职时，这种意识尤为鲜明。他们通过精心打磨的时尚宣言展现个人风格，吸引众人目光。众议员拉希达·特莱布身着巴勒斯坦传统长袍，土著美国人德布·哈兰选择部落服饰和莫卡辛鞋。奥马尔成功打破了在国会延续 181 年的头饰禁令，成为首位在众议院佩戴头巾的女性。"除了我自己，没人能给我戴上头巾，"她在推特上写道，"这是我的选择，受第一修正案保护。这不会是最后一个在我的努力下解除的禁令。"在那次宣誓仪式上，科尔特斯以一身白色裤装再次向妇女参政论者致敬，发型和妆容融入了她的拉丁裔背景与布朗克斯区的成长经历。她在推特上写道："唇色和耳环的灵感来自索尼娅·索托马约尔。当年她被建议在出席确认听证会时涂中性色指甲油以避免争议，但她坚持涂了红色。下次有人让布朗克斯的女孩们取下耳环，她们就可以反驳说，这是议员的装扮。"

当然，某个政治顾问可能会提醒科尔特斯低调些，但到那时她已经赢了。

4

月亮靴和连体裤：
时尚的未来

制服的暴政：

为你想要的工作而打扮

本能作祟：

为何我们越穿越相似？

高级定制的身体

制服的暴政：
为你想要的工作而打扮

"具衣认知"（enclothed cognition）是"假装即现实"这一经典概念的时尚版。科学也已证实，这种现象真实存在。美国西北大学的心理学家让学生穿上白色长外套，并告诉他们这是医生的白大褂，结果学生在需要专注力的任务中表现显著提升。而当同样的白外套被描述为画家的工作服时，研究人员并未观察到类似效果。这表明拥有力量和权威的并非衣服本身，而是我们赋予其的身份与联想。当学生只是看着所谓的医生白大褂时，效果不明显；当穿上这件外套后，效果才会显现。但这并不是简单地等同于"穿上相应的制服即成为医生、军人或囚犯"，而是说制服是角色的一部分，穿上它便承担了该角色所代表的身份。

从外科医生到交通协管员，众多职业都要求穿制服，但这些制服在社会中被赋予了截然不同的含义。它们不仅象征着你的职业和地位，还代表了你对雇主或所属机构的忠诚。在职场、校园或宗教团体中，制服被用来抑制个性、强化忠诚。受创业文化的影响，最近似乎兴起一种人为的"平等"趋势——首席执行官和初级程序员都穿着同样平平无奇的帽衫。然而，着装上的差别并未消失，只是变得更微妙而已。

机构常通过着装要求来强化自身价值观。控制你的穿着意味着某种程度的行为约束，让你服从于组织。这种约束从学生时代就已开始，政界人士（不只是保守派）也支持校服作为学校管理纪律的工具。比尔·克林顿在1996年国情咨文中表示，公立学校推行强制校服政策是有帮助的，"这样青少年就不再会为了名牌夹克而互相攻击"。同年晚些时候，在另一场演讲上，他进一步强调，校服"能帮助年轻学生理解真正重要的是自己是怎样的人，从而有助于打破暴力、逃学、失序的恶性循环"。这种反时尚情绪贬低了风格作为自我表达的作用，暗示统一制服能防止学生被多变的时尚"分心"。但背后的真正意图（尽管鲜少被承认）则在于将学生塑造成管理者期望的样子——无差异、无特征的个体。

在美国，校服通常与私立学校或教会学校联系在一起，尽管一些公立学校也有校服要求。而在许多国家，包括日本和澳大利亚，校服在整个教育体系中是强制性的。校服的设计通常模仿成人职业装（如衬衫、卡其裤、外套、领带），旨在向学生灌输职场概念。尽管学生会通过卷袖口、佩戴个性配饰等方式在校服上加入个人风格，校服仍在孩子最渴望表达自我的年纪压抑了这份自由。一旦穿上校服，对学校的忠诚就被置于首位。违反校服规定，即便是为了表达校外生活或个人信仰，往往会引发问题。越战期间，艾奥瓦州一所高中的学生计划佩戴黑色臂章上课，以抗议美国参战。计划还未实施，学校管理层便得知此事，并迅速颁布禁止佩戴臂章的规定。尽管如此，仍有五名学生无视这仓促出台的规定，坚持戴臂章，结果被停学。美国公民自由联盟介入并联系到学生的家长，说服他们提起诉讼。该案件即"廷克诉得梅因独立社区学区案"，最终上诉至最高法院。最高法院裁定，学生佩戴臂章表达象征性言论的权利受到第一修正案保护，其效力高于学校的着装规定。

制服对人的约束在以下事实中显而易见：高中毕业后，校服基本上不再是硬性要求，除非是在某些军事或宗教院校。进入大学的那一刻标志着你被鼓励"做自己"的开始，这种自由也体现在着装上，甚至连穿睡裤去上课都变得可接受。不过，大学可能是人生中最后一个能如此随意穿着的阶段。一旦步入职场，你将不得不面对各种形式的制服。有些制服是出于功能性需求，比如机械工的工作服；而有些则更多是为了限制你在工作场合的身份，掩盖你的个人特质，使你被工作角色所取代。我曾从事过一些服务类工作，身穿挂有名牌的 Polo 衫意味着任何人都可以随意喊出我的名字。穿上制服，你既被"匿名化"，又同时被标识化。公司的标志位于你心口附近，昭示着你是公司的财产。你成了公司的替身，任何一个怒气冲冲说着"是苹果售后告诉我这么做的"冲进来的人，都会把因被大公司辜负而产生的怨愤倾泻到你身上。一旦他们知道你的名字，就可以向你的上司投诉你，这便成了悬在你头顶的达摩克利斯之剑。在制服中，你可以象征性地代表公司，同时个人身份被模糊，从而更容易被他人以非人性化的方式对待。艾莉森·卢里[1]在《解读服装》（*The Language of Clothes*）一书中指出："制服就好比一个信号，告诉我们不应该或不需要把某人当作一个完整的个体看待，而对方也不应该或不需要把我们视为人。制服里的人往往不断重复机械化的语言，如'很高兴为您服务''我无法为您提供该信息''医生很快会接待您'。"

工作制服和校服一样，都与服从性紧密相连，目的在于抹去任何自我表达的痕迹。一条常见的职场建议是"进入工作场所后，把自我留在门外"——遮住文身，不谈宗教和政治，尽量对私生活保持缄默。在这种疏离的工作环境中，只有当一天的工作结束、脱下制服的那一刻，你才能真正感受到回归"真我"的自由。

在企业中，默认的标准制服依然是西装，员工甚至常

1　艾莉森·卢里（Alison Lurie，1926—2020），美国小说家、学者，凭借小说《异国恋情》获得普利策小说奖。尽管以小说家闻名，但写了许多出色的非小说类书籍和文章，关注儿童文学和服装符号学。

被称为"西装女/男"。斯隆·威尔逊的小说《穿灰色法兰绒套装的男人》中，叙述者观察到"二战"后涌入商界的男人："我看到许多聪明的年轻人穿着灰色法兰绒西装在纽约狂乱奔波，却不知奔向何方。"另一本关于战后焦虑的书写道："在我看来，他们既不追求理想，也不追求快乐。他们只是在追求一套既定模式。"西装成了战后守序行为的代名词。尽管当今的美国企业文化不再仅由穿灰色法兰绒的男性主导，女性和非西装着装者日渐增多，但西装依旧是高层的重要标志。商务正装已被证明有助于提升抽象思维能力，而且仍与超男子气概[1]相关。一项模拟谈判的实验发现，穿休闲装的男性睾酮水平低于穿西装的男性。不过，随着美国职场逐渐走向休闲化，以及远程办公人数的持续增长，办公室着装规范也发生了一些变化。阿曼达·马尔在《大西洋月刊》撰文指出，"千禧世代"已步入管理层，他们对休闲服饰的偏好或将影响职场的整体穿衣文化。她观察到，年轻人"开始用自己的想法重塑'工作服'的含义，打破了所有人必须遵循单一着装标准的束缚"。

在军队这种等级森严的机构中，金星、横杠和勋章清晰地标示着地位高低；而在相对宽松的工作环境中，等级差异则更为隐蔽。开放式办公室（让首席执行官坐在普通

---

1 hypermasculinity，对所谓"男子气概"的极端化追求，既可能体现在行为上，也可能在外表、语言和姿态上显现。

办公桌前、去掉玻璃墙和守门秘书）并不会真的让办公环境变得更平等；低调的穿着同样掩盖不了职场中的微妙差异。大家都穿着帽衫，职场不会因此奇迹般地成公平竞争的场所。马克·扎克伯格最爱的 T 恤是普通员工买不起的意大利高级货；杰夫·贝索斯和优步首席执行官达拉·霍斯劳沙希偏爱的户外风绗缝马甲，看似低调，实则价格不菲。在硅谷，如何在休闲风中恰到好处地展示奢华，需要深厚的功力，用力过猛，就会招致嘲笑。马尔引述了硅谷留言板上的一句话："一名年近四十的男子刚入职就被首席执行官羞辱，因为他竟然穿着系扣西装出现在人人穿工装短裤的办公室。"可见，职场着装规范并未放松，只是从制服换成了另一种。

初创公司的着装规范，基本只有一个底线：别把自己打扮成"异类"。然而，当科技行业在 2020 年迎来自己的"烟草巨头时刻"[1]时，这种随意的形象发生了转变。那场听证会上，四大科技巨头领军人——脸书的扎克伯格、亚马逊的贝索斯、苹果的库克和谷歌母公司字母表的皮查伊——纷纷脱下帕洛阿托[2]风格的休闲装，换上灰色或海

---

1 2020 年美国国会对科技四巨头的首席执行官进行了反垄断听证会，质疑他们是否存在不正当竞争行为，以及对用户隐私和市场的潜在伤害。这一比喻来源于 1994 年美国国会对全美七大烟草公司进行的公开质询。值得一提的是，2020 年这场听证会在新冠疫情期间以线上形式举行，四位首席执行官身着正装"上线"，与国会对阵。

2 美国加州旧金山湾区的一座城市，西邻斯坦福大学，有众多高科技公司。

军蓝的西装，与传统企业和早年商业巨头的高管无异。正如瓦妮莎·弗里德曼在《纽约时报》中所说："如果要找一个参照，那就是过去那些穿法兰绒西装的人。穿西装代表了对华盛顿风俗的认可，这种老派着装虽在数字世界显得保守，却能淡化首席执行官们日常的颠覆者形象，展现出他们对这一场合的尊重。"

新冠疫情早期，许多白领刚开始转为远程办公时，《华盛顿邮报》资深评论员罗宾·吉夫汉撰写了《我们的衣服讲述我们的故事。可若叙述者只有睡衣和汗衫，又当如何？》一文，探讨了办公室及其他公共空间（如博物馆、游乐园、剧院）的关闭将如何影响时尚与自我认知。"身份的一个重要部分源于我们如何与他人建立联系，如何在社会结构中安放自己。"她写道，"某种程度上，我们是由所处的群体定义的。穿衣打扮本是讲述自我故事的一种方式，但当听众消失，这种叙述也就静音了。我们成了穿着睡衣的躯壳。"有人因摆脱了制服的束缚而感到自在，也有人为失去了借服装表达身份的机会而感到惋惜。与我在此提出的观点相比，吉夫汉对制服的理解更为积极，并更关注社区层面的意义。她认为："职业装表明一个人在社会秩序中的位置，昭示你正参与这个共同体的兴衰。它往往淡化个性，提醒我们属于某个更大的整体。制服、挂链上的徽章、国会胸针都是社会关系的可见标识。"

在最宽松的环境中，"具衣认知"的力量依然强大。

哪怕是那些工作时可以穿紧身裤或睡衣的自由职业者，也常常认为，在工作日换上"正式"服装有助于进入工作状态。类似"为成功而打扮"或"为你想要的工作而打扮"的建议不胜枚举。通过模仿老板或上司的穿着，似乎能够借助时尚的影响力接近他们的地位。但实际上，在许多公司里，最成功的人反而往往穿着随意，甚至有意无视模糊的办公室着装规范。这本身就是一种彰显权力的方式。（根据我的经验，这类人通常是男性，但也有例外。）

哈佛商学院在《消费者研究杂志》发表的一项研究揭示了"红球鞋效应"的真实性。这一效应得名于其中一位作者穿着红色匡威鞋在哈佛商学院授课的经历。在某些情境下，不按常规着装不仅无损于形象，反而会增添威望。该研究发现，穿一身运动服走进奢侈品商店，可能反而显得更强势，因为这表明你毫不在意他人眼光。研究者指出："无意中违反标准守则或礼仪规范确实会带来负面评价，但若这种违规行为被视为出于主动，人们往往会对违规者的地位和能力给予更高的评价。"不是不懂规则，而是不屑遵守，这种"反常规"策略能赢得尊重。扎克伯格正是如此行使的：穿着睡衣去见风险投资人，穿帽衫出席公司 IPO 启动仪式，似乎在宣告"我根本不在乎这次会面"。这种风格可能令华尔街的传统派错愕，却在硅谷为他赢得了辨识度，契合他在大学宿舍创办脸书的传奇叙事。（扎克伯格的"红球鞋"是阿迪达斯的浴室拖鞋，终极宿舍风单品。）当然，这项研究并未设置种族和性别等对照组[1]，但根据我与同行的观察，想要玩这种反常规策略，你最好是白人男性和 / 或有钱人。要想有选择性地拒绝某些身份标识，最好还有其他身份资源可以依托。

正如我之前提到的，在所有情况下，女性的职业装标准都比男性的更严格，这一点在女性从业人员较多的行业中尤为明显。航空公司制服的争议便是典型例子。部分空乘人员（多为女性）因穿着制服而出现健康问题，甚至有员工需要随身携带肾上腺素注射笔。超过五千名美国航空公司员工投诉称，她们怀疑制服"有毒"，引发皮疹、剧烈头痛和呼吸困难。[2]直到两名员工向制造商提起联邦诉讼，这些制服才被召回。达美航空和阿拉斯加航空也面临类似问题。在这些事件中，制服所象征的忠诚显然被置于员工的健康与安全之上。不禁令人思考，如果同样的事发生在男性从业人员居多的岗位（如飞行员）中，公司是否会更认真地对待他们的投诉。正如美航一案原告之一希瑟·普尔所说："在这个行业，女性仍然是大多数。因此，你要么忍，要么滚。对于这样一份光鲜的工作，这是应有的态度，你不应抱怨，而应该微笑、感恩。"

1　该研究确实提到，"进一步研究的方向可集中在探讨性别、外貌吸引力等日常固有成见的影响，可能会带来可观成果"。——作者注

2　相关研究由哈佛大学陈曾熙公共卫生学院主持，目前仍在进行中。其网站指出，美国国家职业安全与健康研究所（NIOSH）裁定，没有足够证据证明两者之间存在关联。——同上

女性，尤其是从事"形象优先"工作的女性，如空乘人员和鸡尾酒服务员，不得不忍受暴露且相当不舒服的服装。女乘务员常被要求穿高跟鞋、化浓妆。曾有航空公司在女乘务员达到三十二岁这个美好的年龄时将其解雇。有的航空公司甚至禁止女乘务员结婚或怀孕，因为这不符合乘客对"空中鸡尾酒女招待"的想象。20世纪60年代，布兰尼夫国际航空与意大利奢侈品牌Emilio Pucci合作推出了一款可在飞行途中脱去部分衣物、展示更大胆造型的空乘制服，意图制造"空中脱衣舞"的视觉体验。航空公司要求女乘务员定期接受身体检查，以确保她们双腿够干净、体重够轻、腰围够细。哪怕体重仅超出几磅，也可能遭到解雇。即便那些不需穿制服上班的人，在外貌和穿着上依然要符合职场的审美标准。这些标准对女性尤为苛刻，迫使她们在化妆、发型及定期更新衣橱上花更多的钱。

某些职业仍然维系着严格的视觉等级体系。冒充警员被视为联邦重罪，这反映了国家对制服权威的高度重视。在军队中，制服不仅标示军衔，也强化了对集体意志的服从。有些宗教领袖多穿便装，表明他们融入并参与世俗生活；而普通教职人员则必须穿着宗教制服。另一个高度等级化的职业是医生。资深医生通常身穿白大褂，这件类似实验服的制服既象征科学理性，也传递出一种令人心安的洁净感。相比之下，护士的服装则更为轻松随意，与医生手持记事板、行色匆匆的形象形成对比，使护士显得更亲切可近。医生的白大褂与大多数医疗操作关系不大。它不像手术服那样专为防护体液污染而设计，更多是一种象征，用以传达信任感和专业性。想象一下，如果在诊室里看到一个穿着便装、手持针管的人向你走来，大多数人恐怕都会本能地产生怀疑。而制服会让你自然而然地产生信任。

在医院的权力结构中，患者处于最底层。治疗或手术的标准流程要求他们穿上透风的纸质病号服，这种设计抹去了穿着者的个性，使他们变得像无助的孩子。对于那些长期与疾病抗争的人而言，病号服进一步加深了他们的无力感。有研究显示，让患者脱下病号服有助于加快康复进程。在一项关于医院康复科护士的社会学研究中，西北大学的迈克尔·G. 普拉特和阿纳·拉斐发现，患者所穿的衣服标志着康复进程中的关键节点："穿上病号服的患者会认为自己病了，而当患者换上常服，他们会觉得自己脱离了生病的角色，进入康复阶段。"

国家机器通过时尚进行意识形态灌输的另一个典型例子是执法部门制服对公众心理的影响。1947 年的一项研究中，实验者在街头请求路人完成一些简单任务，比如捡起地上的物品。结果显示，当实验者身穿警服时，路人的服从率远高于穿着送奶工制服或日常服装的情况。2017年麦克马斯特大学的一项研究进一步表明，警服不仅会影响公众对执法者的态度，还会改变执法者自身的认知模式。

研究人员借鉴西北大学白大褂研究的实验设计，发现参与者只要穿上警服，便更倾向于怀疑穿帽衫的人有问题。研究结论指出："警服不仅体现出执法体系的意识形态，其准军事化的设计也在潜移默化中强化了等级、服从与敌我对立的思维方式。"

这一效应很可能正在持续放大。随着美国警察队伍的持续军事化，警用制服更接近军装，配备也扩展至防弹衣、特警装备，甚至坦克等重型器械。这一进程始于20世纪90年代，最初是为了消化多余的军用物资，"9·11"事件后更是大规模推进。警察正从"公共安全的守护者"（如果他们曾经是的话）转型为一种"非官方军队"。友好邻里警员的形象已被军事超人取代。这种转变会让你更有安全感，还是更不安——取决于你对警察的看法。

在"具衣认知"实验十多年后，研究者之一、哥伦比亚大学教授亚当·加林斯基在《快公司》发表文章，提出"具衣蓝色侵略"理论。他写道，如今的警察看起来"更像对付敌国入侵者的军队，而非国内和平的守护者"。玛丽亚·康尼科娃[1] 在《纽约客》中指出，超过80%的防暴装备实际上从未在实际行动中被使用，仅仅是"有备无

1　玛丽亚·康尼科娃（Maria Konnikova，1984—　），俄裔美国作家、记者、专业扑克玩家，其作品深入探讨人类行为和决策过程。

患"。2015 年弗格森骚乱 [1] 后，奥巴马总统颁布了一系列规定，更严格地限制警方使用军用装备，以缓解警察与所服务社区之间的紧张关系。然而，这些限制在 2017 年被特朗普总统撤销。尽管立法机构多次尝试恢复相关规定，特别是在乔治·弗洛伊德谋杀事件引发全国性抗议之后，但抗议活动本身也导致了多起警察袭击示威者的事件。康尼科娃指出，过度军化的装备"可能会损害警察与平民的关系，因为它们不仅预示着暴力，也能在一定程度上引发更严重的暴力。向平民传达'军队'和'冲突'的信息，也可能反过来影响警察自身的心态……当警察穿上特警装备应对骚乱时，他们不再仅将自己视为地方执法人员，而是更倾向于将自己视作军事机器的一部分"。穿戴面罩等防护装备的警察也更容易采取攻击性行动，如向抗议人群投掷催泪瓦斯或发射橡皮子弹。

正如本书"审判安娜"部分所讨论的，原告与被告在法庭上的穿着会影响人们对其可信度的判断。这解释了为什么辩护律师常常请求允许其委托人以便装出庭，以避免陪审团下意识地以为被告有罪。庭审中的其他人也有明确的着装规范：律师穿笔挺的西装，法警穿类似警服的制

1　2014 年 8 月美国密苏里州弗格森发生了一起警察枪击事件，18 岁非裔青年迈克尔·布朗在与白人警员达伦·威尔逊发生冲突时被射杀。当时布朗并未携带武器，且事发前与威尔逊仅有短暂交谈。此事件引发广泛的抗议和骚乱，成为美国种族不平等和警察暴力问题的象征，并促使民间运动"黑人的命也是命"的兴起。

服，法官则统一着黑色长袍。大法官桑德拉·戴·奥康纳在一篇论及法官袍的文章中写道："我喜欢这种传统的象征意义，因为它表明我们每一位法官都在维护宪法和法治。我们肩负着共同的责任。"

在法律与秩序的体系中，还有一个群体也被制服所束缚，只是他们是被迫的。被监禁者[1]在进入司法系统后，会被分配一个编号和一套制服，个人衣物和财物则被没收。从那一刻起，他们就完全屈从于体制的控制。惩罚的一部分就是剥夺他们过正常生活的权利，因此牢房简陋、床铺梆硬。制服也带有惩罚意味，它的设计意图正是消除个体特征，使穿着者从独立的人降格为面目模糊的物体。它只是国家对被监禁者施加控制的手段之一，但凡政府囚禁过人的地方都有制服的影子。

与白大褂和警服一样，囚服同样能产生强烈的"具衣认知"效应，显著影响穿着者的行为方式。1971年斯坦福大学教授菲利普·津巴多主持了著名的斯坦福监狱实验。实验中，学生们依照掷硬币的结果被随机分为"狱警"和"囚犯"两组。囚犯组在家中"被捕"，经搜身后穿上印有编号的囚服（实际上是连衣裙，津巴多事后告诉《纽约客》记者康妮科娃，这一设计旨在削弱全男囚犯组的男子气概），而狱警组则穿上卡其色制服。随后，两组人开

---

1 我在监狱图书馆工作过，普遍观念是相比"囚犯"（prisoner），他们更喜欢"被监禁者"（imprisoned people）等称呼，以保留其作为人的身份。——作者注

始扮演各自角色，"狱警"虐待"囚犯"，"囚犯"完全服从"狱警"。实验很快失控，原定为期两周的项目不得不在第六天终止。尽管此后多项研究对该实验提出疑问，但它确实证明了制服在行为塑造中的重要作用。

囚服的普及始于18世纪晚期，正值监狱系统日趋复杂之时。时尚编辑安雅·阿罗诺夫斯基·克龙贝里在《Vestoj》上指出，在哲学家兼社会改革家杰里米·边沁提出"圆形监狱"概念的同时，囚服也开始被广泛使用。最初的囚服是条纹图案，象征意义明显，但这种款式已基本停用。现今更常见的是宽松的橙色连体服，这种鲜艳色彩不仅使被监禁者在"守法世界"中格外显眼，也增加了他们越狱后在城市中藏匿的难度。

囚服与公社、乌托邦社区的着装规范有不少相似之处，这些集体同样倾向于对成员施加某种形式的时尚管控。19世纪中期的奥尼达社区主张以繁衍所谓"优越种族"为目标的"自由恋爱"，女性成员多穿着形似灯笼裤的朴素服装，配以波波头造型。作为贵格会的一个分支，18世纪的震颤派强调低调实用的着装风格，只在衣服内侧保留艳丽图案。他们制作的家具也遵循同样的理念，简洁无装饰。震颤派认为，不事装饰的风格有助于平息内部冲突。一份1866年的牧师通报写道："成员间应遵循一致的着装风格，这有助于维护和平与精神团结，正义因此得以伸张，而公平与正义始终携手而来。"独身是震颤派的信条之一，因此他们常穿不显身材的衣服。女性需穿着方形衣领的长袖连衣裙，以遮住腰部曲线，并搭配覆盖胸口的领巾或披肩，头上戴包裹头发的帽子或花冠。由路易莎·梅·奥尔科特[1]的父亲布朗森与其他超验主义者共同创建的"果园公社"中，成员穿着亚麻制服和帆布鞋。棉质衣服因涉及奴隶劳动而被禁止；而由于社员均为素食主义者，羊毛等动物制品也遭到禁止。这些群体往往通过互相批评、排除异类等"净化机制"来维护秩序，统一的服装成为构建"内外有别"群体意识的重要工具。社会学家罗莎贝斯·莫斯·坎特的研究发现，19世纪那些存续较长的社区中，有89%要求统一着装；而在相对失败的社区中，这一比例仅为30%。这项数据表明，整齐划一的着装对巩固社区的价值观有积极影响。

动荡的20世纪60年代催生了社区的复兴，其中许多都有与之相伴的时尚理念。在弗吉尼亚州的"双橡树社区"，成员们共享一个名为"社区服装"的衣橱。神秘组织"源头家族"由一位自称"约德神父"的古怪餐厅老板创立，该团体也有其专属的集体服装。

邪教对一致性的追求往往会滑向极端。"锡南浓"最初是60年代的乌托邦社区之一，后演变成暴力邪教，其成员剃光头，穿中性风格的牛仔连体衣，用坎特的话说，

1　路易莎·梅·奥尔科特（Louisa May Alcott，1832—1888），美国作家，代表作有《小妇人》《小男人》等。

这种装扮旨在"表达他们对工作的共同热情"。纪录片《异狂国度》展示了"罗杰尼希社区"成员穿着单色服装的场景，这种统一的色调象征着他们对领袖巴格万·什里·罗杰尼希的忠诚。制片人麦克莱恩·韦在接受《华尔街日报》采访时提到，罗杰尼希的许多成员曾是年轻有为的雅皮士，他们在加入公社时不仅舍弃了名字与日常生活，也脱去了代表消费主义的日常穿着。他们改穿红、橙、紫等日出色调的衣服，"象征着新的开始，新的一天"。这些暖色调无疑让他们在俄勒冈乡村的家乡格外引人注目，那里四处都是身穿牛仔工装的农民。该社区甚至开设了一家内部商店，新加入的成员可以从店里买到色彩合乎规范的服饰，包括与李维斯独家合作设计的橙色牛仔裤。邪教"天堂之门"的成员吃相同的食物，剃同样的光头，穿黑灰色中性制服。最终，他们身着统一服饰和崭新的耐克运动鞋，集体结束了生命，坚信如此行为会引领他们通往另一个世界。

即便在秉持所谓平等主义的团体中，等级制度仍无所不在，啄序[1]清晰可辨。以 NXIVM 邪教组织为例，成员所佩戴的缎面腰带的颜色对应其在组织中的地位。成员依照"条纹路径"逐级收集腰带上的条纹，象征着他们一步步攀升至更高阶层。在山达基教内部，被视为核心精英的"海洋机构"成员则统一身穿海军风制服。制服上的装饰

---

1 指群居动物通过争斗获取优先权和较高地位等级的自然现象。

象征着他们的地位和等级。

　　有趣的是，"罗杰尼希社区""摩门基本教义派"等邪教的时尚风格（如高领连衣裙和法式长辫）竟然对他们的对立阵营——沿海精英派潮人群体产生了影响。《异狂国度》在网飞上线后，秀场便出现了暖色调的单色造型。巴特谢娃和 Doen 等品牌推出的高领荷叶边都市田园少女风（这一名称来自时尚编辑克洛伊·马莱发表于《纽约时报》的文章），则明显受到"摩门基本教义派"的影响。或许，在基本需求得到满足后，生活中已不再有新的领域可供探索，邪教团体那种坚定的时尚风格反而显得清新脱俗。又或者，归属感在作祟，即便是令人压抑的事物也可能变得充满吸引力。毕竟，如果没有某种吸引力，为什么人们会在苏博瑞门店外心甘情愿地排上几个小时的队呢？

　　最近出现了一种趋势，许多人主动将自我局限在某种个人"制服"内，以此在缺乏外部结构支撑的现实里维持内在秩序。这种尝试几乎不可避免地被视为一种解放。在一些无需坐班的职业领域，像艺术家这样的职业人士早已为自己穿上了"工作制服"，比如毕加索的条纹衬衫、桑塔格的深色高领毛衣。在这个怎么穿都无妨的时代，重新强调统一着装的重要性，似乎是对现代零工经济混乱状态的一种回应，也是对强制性简约的渴望。即使在闲暇时光，我们也常常不自觉地套上某种"制服"——运动队的外套、联谊会的 T 恤、精品健身课同款的瑜伽裤。即便没有真正参与其中，也得穿得像个圈内人，这就是当下的潮流。近年来，音乐相关的时尚潮流愈发盛行，穿搭成了表达音乐品味和确认粉丝身份的方式。精品健身房也紧跟潮流，纷纷推出自己的周边产品。

职业装也不再像以前那样死板。但这并不意味着工作的强度有所减轻——若说有变，恐怕只是变得更加繁重罢了。工作与邪教看似有着天壤之别，但现代职场对忠诚的要求，或许比邪教还更高。加班、随时随地回复电子邮件、在工位上吃完三餐，这些正是许多初创公司的文化。过去，工作是可以在下班后丢在脑后的事。现实世界中的唐·德雷珀[1]们必须穿西装上班，但他们可以在中午享用三杯马提尼午餐[2]，下午五点准时结束工作，搭火车回郊区的家。如今，多数所谓的"酷工作"早已不再要求打领带，却一点也不比领带更好受。拜各类通信应用程序所赐，将生活划分为"自己的时间"与"工作的时间"已是天方夜谭。虽然工作与生活平衡被反复强调，但这在很大程度上并非个人意愿所能决定。无论是拿着最低薪资、受排班软件操控的工人，还是办公室里的白领，都必须随时对每条"紧急"信息作出回应。对于白领而言，这种工作理念甚至更具破坏性。在"坚守共同价值观""我们是一家人"等说

1　美国电视剧《广告狂人》中的主要角色。

2　指的是商界人士或律师享用的一种惬意的午餐形式。他们通常有大量的闲暇时间，在工作日午餐时不仅能喝马提尼，还能喝三杯，因而得名。

法的包装下，种种要求看起来都合情合理。你似乎理应全身心投入工作，热爱工作，毫无保留地认同公司的价值观。公司对员工穿着的控制似乎已成为历史，取而代之的是对员工生活的全方位控制。过去，你可以在一天工作结束后脱下制服，恢复成真正的自己；如今，就算打了下班卡，也不过是换了一种方式继续上班罢了。

本能作祟：
为何我们越穿越相似？

2019年11月，我第一次坐下来认真看完《银翼杀手》。这部电影是我寻找时尚灵感时常常参考的作品之一，说来有些惭愧，在此之前我从未真正完整地看过它。当字幕显示我正经历着的年月时，一种不真实感袭来。这部电影准确预言了一些事情：一个因气候变化而窒息的星球，遭受着如同《圣经》中描述的暴雨；对语音识别技术的依赖；街头小吃文化的盛行。但也仅止于此。考虑到这部电影诞生于1982年，它对未来的想象竟能与今日现实产生如此微妙的重合，令人感到惊讶。

回顾人类对未来时尚的想象，类似的乐趣不时浮现。一篇1893年的文章《未来的时尚规则》（"The Future Dictates of Fashion"）预测了下个世纪的时尚趋势，猜想1965年将流行宽松的骑马裤和甜甜圈形状的帽子。而在20世纪60年代，特别是在法国，对未来时尚的想象迎来了最乐观的时期。三位法国设计师安德烈·库雷热、皮尔·卡丹和帕科·拉巴纳以太空美学著称，他们大胆的几何造型和对高科技材料的运用，给当时低迷的时尚界注入一剂强心针，某些作品至今仍然不过时。他们钟爱乙烯基、光栅塑料和卢勒克斯金属细线等具有未来感的材料；卡丹甚至发明了独家面料"卡丁"（Cardine）。今天，我们对合成材料嗤之以鼻，认为它们不环保；但在那个时代，它们是最前沿的技术。1965 年库雷热在一家画廊展示其新作，模特化身艺术装置，被动态装饰所环绕。

60 年代对未来的想象，终究和其他未来主义美学一样，只是一场空幻。那时曾被视为最摩登的设计，如今不过成了富人的审美玩物。好莱坞明星争相买下洛杉矶的案例研究住宅[1]；中世纪家具的价格堪比红宝石；当年的时尚单品如今已成为收藏品，被安置在恒温储藏室里。《寄生虫》和《机械姬》中的现代风豪宅，其光洁的外表预示着即将的衰败。

相比过去对时尚的种种奇想，我们如今的穿着显得平淡而克制——"再见紧身衣，我选择优衣库"。如果与库雷热同期的这批设计师穿越时空，来到今日的街头，恐怕会大失所望。时尚正朝着趋同化、去个性化的方向发展。穿着戈戈舞靴[2]的星际时尚女孩并未如预言般出现，反而是

---

1 指由《艺术与建筑》杂志在 1945 年至 1966 年间主办的一个项目，邀请多位建筑师先后完成了 26 个住宅项目，旨在探索并展示战后美国住房的新可能性。

2 Go-go boot，20 世纪 60 年代中期推出的低脚跟风格的靴子，最初的设计为白色、到小腿高度。库雷热确定了此款靴的基本样式。

每个人穿着相似的连体衣的景象更贴近现实。曾经，大城市之间在风格上存在鲜明的地域差异——纽约偏爱黑色，洛杉矶更倾向休闲，巴黎则偏好传统。然而，随着全球化与互联网的普及，各地的风格日益趋同。事实证明，未来不属于塑料，而是属于休闲运动服、简约中性色单品、适用于所有场合的运动鞋。虽然我们不是《银翼杀手》中的赛博格，但我们的穿着已展现出克隆的特性，形成千人一面的群体风格。

地域风格的趋同，从未像"普通硬核"风出现时那样明显，仿佛全世界已成为一个大部落。2014年《纽约》杂志刊登了一篇题为《"普通硬核"风：意识到自己不过是70亿人之一后，我该怎么穿》的文章，作者菲奥娜·邓肯敏锐地捕捉到了这一趋势。她观察到，那些个性鲜明的纽约酷小孩如今穿得好似中年大叔和游客，或者干脆是两者的混合体。"他们都穿着石洗牛仔裤、抓绒衣和舒适的运动鞋，看起来就像刚在时代广场买完纪念品，从地铁R线走出来。"她写道，"我发消息给朋友布拉德（他是位艺术家，夏日穿搭是阿迪达斯赤足训练鞋、网眼短裤和纯棉T恤），问他怎么看火热的'都市伪装'现象，他秒回'哈哈，就是普通硬核呗'！"这个词来自趋势预测艺术家团体K-Hole，不过当下的用法有些争议。K-Hole后来澄清，"普通硬核"更接近他们所创造的另一个词"表演普通"（acting basic）。二者的区别在于，"普通硬核"是一种行为趋势，"表演普通"则更接近时尚趋势。

在文章中，邓肯将"普通硬核"风定义为"刻意拥抱同质化，而非追求'与众不同'或'真实性'，并将其作为一种新的表达酷的方式"。"就好像把杰瑞·宋飞[1]的衣服扒下来，然后在库伯联盟学院[2]找一个戴着威廉·吉布森[3]同款圆框眼镜的学生，把这些衣服套在他身上。""普通硬核"风的追随者偏爱那些看上去像是在超市买的三件一套的无品牌服饰。石洗牛仔裤、老爹帽[4]、杂牌运动鞋、腰包和风衣是他们钟爱的单品。这种风潮毫不掩饰地展现出不酷的感觉。

"普通硬核"风的兴起绝非偶然。街头风格、时尚博主和 Instagram 逐渐不重视个人表达，转而追求品牌赞助的机会。各大杂志和网站竞相报道街拍潮人，并迅速培养出一批自己的名人。时尚博主获得服装品牌代言，Instagram 用户也开始接下各类广告。打造独一无二的个人风格仿佛是消费主义的精妙圈套。因此，我们唯一能作

---

1 杰瑞·宋飞（Jerry Seinfeld, 1954— ），美国喜剧演员，在情景喜剧《宋飞正传》中扮演半虚构版本的自己。剧中的角色经常穿着看似过时的单品，例如格子衬衫、条纹领带等。

2 美国一所著名私立大学，以建筑学与工程学著称，招生严谨程度与常春藤盟校不相上下。

3 威廉·吉布森（William Gibson, 1948— ），美国科幻作家、"赛博朋克"文学流派的创始人，代表作有《神经漫游者》《重启蒙娜丽莎》等。基本每次现身都戴着圆框眼镜。

4 dad cap，一种特定款式的软顶棒球帽，帽檐通常自然弯曲，而运动款棒球帽的帽檐通常是平直的。

出的反应便是尽可能穿得普通。"普通硬核"风不是在塑造风格，而是在拒绝风格。它是一种激进的纯粹主义，其背后是一种对世界的看法：这些普通的服饰是唯一未被时尚大资本之手触碰的东西，因此可以将它们穿在身上。邓肯引述了小众时尚杂志《Garmento》的主编兼编辑杰里米·刘易斯的观点。刘易斯认为"普通硬核"风是"高涨的反时尚情绪的冰山一角"。他本人爱穿卡其裤、抓绒衣和新百伦运动鞋，这些衣物是他在人群中隐藏自我的有效工具。但刘易斯表示，"这种'无形之装'是为了摆脱时尚的束缚，避免被标签化为'没头脑的绵羊'"。K-Hole成员艾米莉·西格尔进一步解释，这股潮流并非"简化着装、放弃个性、主动消失在人群中"，而是"接纳与他人相像的可能性，并将其视为建立联结的机会，而非自我身份消解的证据"。

邓肯还指出，这种穿搭风格带有 90 年代的影子。那些曾追赶潮流的青年如今都已长大。"审美仿佛被一键重启，回到了他们尚未通过穿搭来表达个性的年纪，也就是青春期之前。"她写道，"互联网与全球化动摇了个性至上的神话——毕竟，我们都只是 70 亿分之一——而与他人建立联系比以往任何时候都更加容易。'普通硬核'风就像一张空白画布，象征着开放的心态，是一种旨在与他人友好相处的穿搭方式。"她还提到摄影师科琳·戴 1990 年的作品，超模凯特·莫斯穿着勃肯鞋入镜；艺术集体

"艺术俱乐部2000"在90年代初拍摄的"混合"系列照片，成员们身穿盖璞，摆出各种姿势。其中一张照片拍摄于全世界最具老派气息的地方——时代广场。他们穿着相同的毛边牛仔套装，戴着相同的头巾和墨镜。另一张则展示了他们穿着同款不同色的格纹衬衫和卡其短裤，悠闲地瘫在家居店里的场景。成员帕特森·贝克威思在接受史密森尼学会的博客Threaded采访时表示，这组作品旨在探讨当代城市中不断扩张的企业化景观。他指出，我们的城市已从简·雅各布斯[1]所推崇的独立企业集群，演变为绵延不断的连锁链条。"90年代初纽约的每个街角都能看到星巴克。盖璞刚在曼哈顿开了20家门店，公交车站的广告也全是盖璞。这一切直接呈现在你面前，我们正是对这种现象作出回应。"后来，其他几位成员告诉《艺术论坛》："今天与1993年有很大的不同。纽约市中心全是香草色和卡其色。这真糟糕。"

盖璞卖的是基础款，其广告却强调个性。它成立于1969年的旧金山，最初是一家反主流文化商店，品牌名"盖璞"（Gap）源自嬉皮士与长辈之间的代沟（generation gap）。它快速发展为专注于售卖简约、保守风格服饰的零售商，其卖点是穿着它的人。80年代正值雅皮士的巅峰

1　简·雅各布斯（Jane Jacobs，1916—2006），美国记者、作家、城市规划理论家，因反对越南战争于1968年移民加拿大。没有接受过正规的城市规划教育，但基于对城市生活的观察和个人经历，提出了影响深远的城市规划理论。最著名的作品是《美国大城市的死与生》。

时期，盖璞发起了"个人风格"活动，邀请琼·狄迪恩、斯派克·李、利奥·卡斯泰利等名人担任模特。90年代初，盖璞通过"谁穿卡其裤"活动，展示了反文化先驱迈尔斯·戴维斯和杰克·凯鲁亚克等人穿着盖璞的典藏照片。2014年《纽约》杂志关于"普通硬核"风的文章发布后，盖璞发起了"普通着装"活动，试图在这一潮流中重新占据一席之地。观看"艺术俱乐部2000"的照片时，尽管成员穿着相同的服饰，我反而更专注他们之间的差异。同样，那些由著名摄影师拍摄的盖璞黑白广告，风格化程度极高，游走在高雅与庸俗之间，迫使我们将注意力放在人物的个性特征上。服装则稍后才被注意到，仿佛是一块任由个性泼洒的白板。

从"垮掉的一代"到"百事一代"[1]，再到以"千禧世代"为中心的初创公司，许多营销活动都围绕代际身份认同展开，有时甚至表现出明显的代际对立。"普通硬核"风并非源于对商业化的激烈反抗，而是屈服于每个角落都有盖璞的现实，然后漫不经心地陷入其中。意识到自己不过是70亿人中的一员，这种感知在不同情境中可能引发疏离感，也可能带来愉悦。正如邓肯所写："'普通硬核'风不是反抗或屈服于现实，而是放下对独特性的执念，为

---

1 Pepsi Generation，20世纪60年代末期百事可乐公司推出一系列广告活动，旨在吸引年轻消费者，特别是那些反叛传统、追求自我表达的年轻人。该活动不仅帮助百事可乐在市场上与可口可乐展开激烈竞争，还成为青少年文化的一部分，象征着对传统规范的挑战和对个性化的追求。

探索新事物腾出时间。"为该文拍摄配图的摄影师说:"每个人都如此独特,以至于独特本身已不复存在,在纽约尤其如此。"如今,看起来无聊反而是脱颖而出的唯一方式。K-Hole 在推特上写道:"'普通硬核'风在不特别中找到解放,也意识到适应力带来的归属感。"他们在报告《青年模式:关于自由的报告》中进一步指出:"曾经,人们能够通过与他人的不同来保持自己的独特性,且这种独特性能够延续下去,并在特定的观众中得到认可。只要与周围人有所不同,你就能感到安全。但互联网与全球化打破了这一切。"

如今,代际差异无处不在,"属于某一代人已成为无法回避的事实,就像不论你是否相信星座,你都被分配了一个星座。同时,一代人的行为与特征不仅仅由个人选择决定,而且受到共同的文化、社会环境和历史背景的影响——'不只是你,你们这一代都这样'"。在人群中溶解自我,将个性外包给星座("天哪,我实在太处女座了!")或某个年龄层("只有'90 后'才懂这个!"),其中自有几分乐趣。无意冒犯旧货爱好者,但如今已经没有所谓的"小众"了。Apple Music 上,总有人和你一起听同一首冷门歌曲,而对方可能身在柏林,也可能住在孟买。"普通硬核"风拒绝"我买故我在"的消费逻辑,不再试图用所穿所买来定义自己。

"非同凡想"[1]曾是世界级大公司的口号，然而你是否想过与众不同为何会具有颠覆性？根据 K-Hole 的说法，追求独特早已成为我们的默认生存模式，继而成为需要反抗的对象。"普通硬核"风的追随者不再是动员会上跷脚抽烟、骂其无聊的看客，而是和看台观众一同欢呼的热情参与者。"很久很久以前，人生来就是群体的一员，必须找到自己的个性。而如今，人生来就是个体，必须找到自己所属的社群，"K-Hole 的报告中写道，"在'普通硬核'风中，人们不必装作不需要归属的样子。"互联网打破了我们的世界观，使我们渴望参与大规模的集体事件。你可以在奥斯卡颁奖典礼的实时点评中或超级碗中场秀的表演反应里，感受到某种满足。这些事件成为现代社会中为数不多、能让不同背景的人共同参与、共享体验的文化活动。

　　中庸文化[2]曾是人们试图逃避的对象，那时几家电视台、制片公司和杂志几乎主宰着整个文化景观。而现在，它反而成了一种逃避方式，用来躲避那种频道成千上万却没什么可看的空虚感（说的就是流媒体）。小众与专精已然成为一种暴政，对脱颖而出的需要似乎成了一个乏味的默认选项。有时候，打开电视放空自己，反而更轻松。

　　当然，"普通硬核"风最终也会泛滥。漫步在公园，

1　Think Different，苹果公司的广告词，已于 2002 年停用。

2　middlebrow culture，即高雅（highbrow）和低俗（lowbrow）的中间态。

你随时可能看到老爹帽或袜子与凉鞋的搭配，甚至还有浏览器插件专门帮你屏蔽与"普通硬核"风有关的新消息。尽管如此，它依然存在，作为时尚景观中的一种特征，而非瑕疵。如今，许多设计中都能看到它的影子，设计师德姆纳·格瓦萨里亚和戈沙·鲁布钦斯基的作品便是典型例子。格瓦萨里亚多次在采访中拒绝被贴上"普通硬核"的标签，但他对恒适、冠军等大众品牌的重塑，无疑展现了这一美学的影响。他将自己的风格归因于成长经历中的"延迟的文化形成"——1991 年苏联解体之前，他对时尚和资本主义几乎一无所知。而对鲁布钦斯基来说，全球化起到了关键作用。在与时尚资讯网站 Now Fashion 谈及以制服为灵感的设计时，他说道："今天的孩子可以通过互联网和社交媒体随时了解世界各地发生的事情，这就是为什么他们穿着一样的衣服，拥有相似的情绪。"

2017 年格瓦萨里亚为他的品牌维特萌举办了一场以"时尚原型"为主题的时装秀，模特有的打扮成穿着锃亮皮夹克的保镖，有的身着斜纹软呢、戴珍珠项链，呈现出巴黎时尚女性的经典形象，还有的则扮演不起眼的上班族。格瓦萨里亚并未展现颠覆常规的先锋视角，而是做了一件更具颠覆性的事情——他深入探讨了"普通"的意义。他告诉《Vestoj》："很多人，确切地说，秀结束后与我交谈的时尚界人士，都觉得这场秀过于平实、不够时尚。但事实上，这个系列包含 45 个设计概念，例如可以用作慢跑服的婚纱。通常，一个系列围绕一个概念展开，比如'希腊'，于是整场秀便是不同版本的希腊女神风格。我有45个概念，时尚界却认为这过于简单，仅仅因为我的风衣是米色的，牛仔裤配衬衫的模特看起来就像他们的邻居。对我而言，这便是这场秀的意义所在。"

创立美国时尚品牌 Eckhaus Latta 的设计师迈克·埃克豪斯和佐耶·拉塔也玩起了"普通"美学，在他们的秀场上提升了高领毛衣、酸洗牛仔裤等"普通"衣物。就连"侃爷"卡尼·韦斯特的椰子鞋系列也展示了未来极简主义的日常愿景：为世界穿上配套的、中性色调的、略带反乌托邦色彩的制服。在"Z世代"喜爱的二手转卖平台上，二十岁左右的年轻人互相交换"普通即酷"的单品，那些曾被视为土气、过时的旧衣被重新搭配、翻出身价。这些从往日潮流垃圾堆里挖出来的玩意儿，仿佛是对气候灾难和末日社会的一种本能反应。这个时代没有新事物诞生，我们似乎只能紧紧抓住逝去岁月的怀旧浮尘，好像那是我们最后的救命稻草。

曾经被视为必须避免的可怕常态，如今却出人意料地成了珍宝。"Z世代"纷纷涌向《老友记》《办公室》等经典美剧，正是因为它们提供了微小的安定感：一群可以在咖啡馆沙发上闲聊至深夜的朋友；一份稳定的白领工作，哪怕是在一家濒临倒闭的造纸公司。这些看似平凡的事情，在如今的社会中已变得稀有而珍贵。90年代的风尚主导了"普通硬核"的视觉景观，不只是因为那是前互联网时代的尾声，更因为那或许是美国社会结构比三条腿咖啡桌还稳固的最后时光，那时跻身中产或保持中产仍是可以实现的愿望。

"普通硬核"风被视为反时尚、反酷。然而，这种风格要求你理解其中的幽默与自嘲。这场运动本应是包容性的，但一个郊区大叔很难因穿搭而受到赞扬（不带讽刺意味的那种）。真正的普通风格在"基本女"[1]中达到了极致。邓肯在《纽约》杂志撰文讨论"普通硬核"的同年，文化编辑诺琳·马隆在同一刊物上阐述了时髦的"极简主义"与拙劣的"基本主义"之间的区别。她写道："我们正处于文化与词汇都十分奇诡的时刻。穿得'普通'成了时尚的最高境界，称一个人'基础'则是最时髦的贬低，这似乎没有消退的迹象。""基本女"一词源自嘻哈圈，指的是缺乏个性、通过奢侈品来接近自我定义的女性。（男性可以是"哥们""小鲜肉""小白脸"，但极少被称为"基本"。）饶舌歌手 The Game 的歌曲《基本女》给出了定义："她背假包，穿冒牌红底恨天高，就连屁股也垫翘，她是个'基本女'。"柯莉肖恩的热门歌曲《古驰，古驰》瞄准了追求品牌的"基本女"。她告诉《调音器》杂志："她们喜欢那些普通品牌，并且总是穿着它们，因为那是基本的东西。"视频博主 @Lohanthony 拍了一段病毒视频来讽

1　原文为 basic bitch。

刺"基本女"，将其形容为"对他人亦步亦趋，一点没有主见的人"。撰稿人玛吉·兰格在 The Cut 上指出"基本女"的一个重要特征：公然享受女性化的大众流行产品，如《欲望都市》、泰勒·斯威夫特的歌曲、南瓜香料拿铁、预调玛格丽特鸡尾酒等。对女性而言，喜欢大众化的流行产品往往被视为负面标签。男性化的大众消费品却不会面临同样的"基本款"污名。（我首先想到的是《明星伙伴》[1]、饶舌歌手德雷克、本·阿弗莱克在唐恩都乐店里搞出的各种咖啡因噩梦[2]，以及"银子弹"啤酒[3]。）

对"基本女"的批评常常反映出批评者自身的焦虑，他们的不安通过这种攻击行为表现得尤为明显，而"基本女"依然保持平静。那么，为什么那些推崇"普通硬核"风的人，同时又对"基本女"嗤之以鼻呢？简而言之，这是阶级问题。马隆指出："这个词似乎在批评缺乏独创性的思想和行为，但真正否定的是消费模式，即你选择观看、饮用、穿着和购买的商品，而非消费本身。'基本女'之罪不在于热衷购物，而是迷恋错误的品牌。这些品牌专注

1　*Entourage*，一部 2004 年至 2011 年间播出的美国电视剧，讲述了一个年轻演员文森特·蔡和他的朋友们在好莱坞奋斗的故事。它是男性大众文化中的重要作品，尤其是在展现"成功男性"的形象方面。剧中的男性角色大多遵循传统的"成功男性"模板。

2　演员本·阿弗莱克酷爱唐恩都乐，曾多次为该品牌拍摄广告。2020 年他捧着一摞唐恩都乐盒子走出家门，不慎失手，导致盒子翻落。这一幕被拍下来，并在社交媒体上迅速传播。他当时所穿的牛仔裤和 T 恤也随之爆火。

3　Coors Light，美国著名的啤酒品牌之一，其广告营销策略、品牌形象及与男性生活方式的关联，使其成为男性消费文化的标志性象征。

于营销活动，借助消费者的支持来满足股东的私欲。（相反，所谓'正确'的品牌则应当昂贵、低调且通常由个人拥有。）"

高端或独立设计师品牌与大众品牌的合作已成为潮流，这意味着几乎所有服饰都经历了重新定义与再塑造。大众文化也已成为高端品牌或独立设计师的创作素材。我们越来越渴望融入某个群体，沉浸在同质化的愉悦之中。在"千禧世代"的倦怠和拼搏文化的崩溃中，时尚作为生活的解药，成了我们不堪重负时的集体救命稻草。时尚史学家安妮·霍兰德指出，成人服装变得越来越像玩具服装。她在《性与西装：现代服饰的演变》（*Sex and Suits: The Evolution of Modern Dress*）中写道，这种装扮表达了一种"除了自我，不对任何事情负责……不受成年人性欲驱使"的幻想。当我们投入优衣库的怀抱时，或许我们是在试图弥补那些无法获得的成年生活应有的保障，如养老金、房屋所有权，甚至是持续就业的承诺。

近年来，所谓的"病毒式"时尚单品层出不穷。毫无特色的"亚马逊外套"[1]悄然占领上东区；豹纹短裙迅速遍布苏荷区的大街小巷；抖音爆款草莓印花连衣裙也引发大量模仿。这些短暂潮流的诞生似乎遵循一个双重公式：

---

1 一款在亚马逊上畅销的外套，没有特别的品牌名称或独特的设计元素，但因其低价、简约和实用性，成为许多人日常穿搭的选择，在 2019 年左右成为社交媒体和时尚界的热潮。这类外套往往由中国的服装制造商生产。

首先，它们的起源往往模糊且微妙。"亚马逊外套"是消费者在购物平台偶然发现的，它带来的是探索的惊喜，而不是通过时尚秀或广告直接推给消费者。其次，它们必须具备瞬间可识别性，能够在都市街头凭借颜色、图案或轮廓瞬间抓住眼球。就像流媒体上的热歌和热剧一样，如今的时尚也在算法的加持下，经过对大众品位的学习与分析，量身定制最为符合用户需求的形态，比如那些"出片"的衣服。男装同样逃不过这一逻辑，J. Crew 蓝格子衬衫成了金融男的标配，甚至被演绎成迷因。社交媒体推崇轻微且表面的差异化。Instagram 账号 @ 重复帖文（@InstaRepeat）收集来自不同账号却几乎相同的照片，比如篝火旁伸展的双脚、美景中托着鸟儿的手。该账号的简介写道："既视感氛围 [树 emoji] 散步。漫游。复制。"这或许说明，当我们进行约翰·缪尔[1]式的户外自我探索时，其实我们并非仅仅在观照自己，而是在复刻一种可被共享、也必须共享的体验模板。

尽管我们知道追随这些潮流会让自己被标记为时尚跟风者，但许多人仍渴望参与其中。它们的吸引力或许在于，为我们提供了在这个日渐疏离的世界里与他人建立微弱联系的途径，让我们能够融入某种集体体验，类似于奥斯卡、世界杯、动员大会带来的情绪共振。尽管缺乏实质

1　约翰·缪尔（John Muir, 1838—1914），美国自然主义者、环保主义者，美国早期环保运动的关键人物之一。

性内涵，它们依然能让我们感受到一种超越自我的存在感。能带来归属感的事物本就稀少，而时尚恰恰是其中之一。正如社会学家雷·奥尔登堡所提出的"第三空间"概念——那些既非家也非工作场所的地方，例如咖啡馆、市集、教堂或宾果之夜，在那里人们可以在身份被暂时抹去的状态中自由交流。随着这些实体空间的逐渐消失，我们不得不转向数字连接，并开始依赖时尚所提供的与他人之间的直观联系。这或许可以解释，为什么当社交平台被"睡裙风"刷屏时，你会忍不住点开链接，买一条来试试。

高级定制的身体

几年前，我在浏览纽约大都会艺术博物馆慈善晚宴（Met Gala）最新的红毯照时，注意到了一种趋势：碧昂丝、詹妮弗·洛佩兹和金·卡戴珊都穿上了后来被称为"裸身裙"（naked dress）的服装。除了紧身设计，"裸身裙"还能够巧妙透视和露肤。尤为吸睛的是，三人在红毯上摆出几乎一致的姿势——侧身站立，以凸显翘臀和优美曲线。不久前，蕾哈娜在美国时装设计师协会大奖（CFDA）颁奖礼上，穿着一件完全透视的礼服领取"时尚偶像"奖。"我们正式进入一个可以称为'后时尚'的新时代，"当时我在《纽约》杂志写道，"身体本身成了新的服装，健身房则是新的时尚工作室。那些过去借助胸衣、鱼骨、腰带、填充物，甚至近年流行的SPANX塑身衣 [1] 来打造的曲线与轮廓，如今直接显露于身体之上。曾经，名人依赖高级定制工匠的巧手、设计师的才华和造型

1　美国内衣品牌，以其塑身内衣产品而闻名。

师用双面胶让服装更贴合的小技巧。而如今，他们转向私人教练（某些情况下，甚至包括整形外科医生）来'设计'自己的身材。从某种意义上来说，他们开始像穿着时装一样，穿着自己的身体。"

时尚从未脱离其依托的身体。自服装问世以来，它便与各个时代的主流审美同步，重塑并改造我们的轮廓。时尚一直擅长驯服和规范"不听话"的身体。服装一度被用来塑造女性的身材，刻意制造蜂腰巨胸的形态。设计师将遮掩所谓身材"缺陷"视为自己的职责，致力于打造符合当代审美的完美形象。如今，虽然束身衣和紧身腰带已被抛弃，但约束转移到人体本身。我们热衷于通过节食、锻炼，甚至整形手术来打造纤细的身段。与其问"你穿的是哪个设计师的衣服"，不如问"你的教练/营养师/整形医生是谁"。面对这样的趋势，传统设计师不得不努力适应和调整。

与这些难以企及的身材标准一起到来的还有运动休闲风（athleisure）。在很多场合，精心设计、看似随意的紧身运动装已被广泛接受。高端运动装的价格不逊于特殊场合的礼服。这场运动休闲风革命——带着保鲜膜般的贴合感和战略性裸露肌肤的小心机——甚至渗透到晚礼服的设计中。这种风格暗含阶级符号，是身份的象征，至少表明穿着者拥有充足的闲暇时间投入健身。它的形成也与社交媒体密切相关，通过平台，我们与他人的身体建立了前所未有的直接联系，从几乎全裸的照片到穿着泳装的美颜照。我曾写道："如今，理想的身体是一项精密而苛刻的工程。既要曲线分明，又要肌肉紧实；既要性感丰满，又要纤细瘦削，仿佛在肉体上践行新教工作伦理。我们的目标不再是'毫不费力'，而是让身体看上去是艰苦训练的成果。女明星外出时，总会展示产后的身材，尤其是那些引人注目的腹肌，仿佛在向世界宣告，她们已经'重回原貌'。（但原貌去哪里了？她们以前看上去可不是这样。）曾经我们用珠宝点缀的身体，如今被绿色果汁这样的'迷信产物'所滋养。"

我们的穿着和展示身体的方式一直处于技术与政治的交会点上。技术创新早期主要体现在面料和设计上，后来延伸至整形外科和修图美颜，为我们提供了塑造（字面意义上）身体的手段。同时，女性赋权和性观念的变化也影响了这一过程。即使在我们印象中粗陋的中世纪，时尚仍是展示身体的工具。女性会用带子系住宽大的袍子，以凸显曼妙的身形。14 世纪一种名为紧身柯特哈蒂裙[1]的衣服流行起来。这种衣服穿在罩衫外面，勾勒出穿着者的纤细腰身。无袖罩衫作为紧身柯特哈蒂裙的变体，一度被视为不堪入目的装束，甚至被教会斥为"地狱之窗"[2]。

16 世纪，当现代紧身胸衣问世时，服装早已演变成

1　cotehardie，来自古法语，由 cote（衣服）与 hardie（坚固）两词组成。

2　之所以被称作"地狱之窗"，是因为这种外裙的左右两侧确实开了"天窗"。根据我查阅的资料，这种衣服并未被明令禁止。——作者注

一种"钢盔铁甲"，更像是为打造完美身材而搭建的脚手架。卡伦·鲍曼在《隐身衣与阴囊袋》（*Corsets and Codpieces*）一书中引用了一则1777年的讽刺诗，生动描绘了乔治时代的美容修饰手段（包括用软木垫高臀部）："假屁股——假牙——假发——假脸——哎呀！可怜的男人，你的处境是多么艰难；不是抱女人、美妙的女性魅力，而是紧紧搂着软木——树脂——羊毛——甲油。"这类讽刺与当代人对假体和浓妆的抱怨颇为相似。当女性试图挑战审美边界、探索所谓的"恐怖谷"时，她们往往遭到严厉指责，而这些指责通常来自那些自称偏爱"自然之美"的男性。鲍曼在书中通过一篇1776年的文章提出一个耐人寻味的问题：如果妻子通过"造假"改变了身体形态，丈夫是否能以"虚假宣传"为由对她提起诉讼？对这些"把戏"表现出的焦虑反映了根深蒂固的厌女情绪——女性不该通过人工手段变美，而应天生丽质。女性不过是迫于外界压力，为迎合社会潮流寻求接纳，却因此背负骂名，这无疑是不公平的。

或许你很难想象，如同当今那些披着健康外衣、实际功效存疑的疗愈时尚，紧身胸衣曾经也被视为一种健康产品。当时的人们认为女性过于脆弱，无法有效支撑自己的身体。随着各类"理性着装"愈发普遍，时装设计师不再执着于通过胸衣塑造曲线之美。1905年法国设计师让娜·帕坎推出不依赖胸衣的裙装，其特点是"帝国腰围"[1]，灵感源自拿破仑时代女性服装的样式。另一位设计师马德莱娜·维奥内从舞蹈家伊莎多拉·邓肯的表演中汲取灵感，设计出希腊风格的时装。她采用斜裁技术以匹配女性身体的曲线。据传她曾说："连我自己都无法忍受胸衣，又怎么能把它强加给其他女性呢？"影响深远且争议最多的设计师莫过于与帕坎同时代的保罗·普瓦雷。这位极擅自我营销的大师厌恶束缚的风格，形容这类衣物让女性看起来像是"被切成两半，拖着长锚艰难跋涉"。然而，他的设计并未彻底解放女性，只是在一定程度上放松了胸部和腰部的束缚。他的走秀款甚至包括限制穿着者步伐的蹒跚裙[2]。他后来坦言："我解放了胸部，却束缚了双腿。"可可·香奈儿进一步推动了女装中的舒适感，将宽松针织衫和宽松裤子引领至时尚前沿。针织面料此前主要用于内衣，而宽松裤子向来是男性的专属。普瓦雷对香奈儿颇有微词，据传他曾嘲讽香奈儿的追随者为"穿着黑色针织衫、营养不良的电报员"，并将她的美学称为"奢侈品的悲剧"。

随着服装变得更自由，对身体的限制却悄然增加。时尚史学家瓦莱丽·斯蒂尔在《紧身胸衣：一部文化史》（*The Corset: A Cultural History*）中写道，理想的身体形态

---

1 指的是腰线被抬高至靠近胸部下方的位置。这种剪裁展现了胸部上方的曲线，同时让下摆自然垂落，形成轻松、优雅的廓形。

2 hobble skirt，下摆收窄，穿着者登上有轨电车都很困难。

"从雍容华贵的维纳斯转变为纤瘦健美的戴安娜"。"飞来波女郎"[1]时代前后，时尚界的诸多束缚逐渐转移到身体本身，不再局限于服装，更关乎身体。正如斯蒂尔所指出的，我们抛弃了胸衣，却开始将其内化。为了塑造"飞来波女郎"标志性的平胸扁臀，较丰满的女性会穿戴腰臀束缚带，甚至将胸部紧紧裹住。艾莉森·卢里观察到，女性甚至在照片中努力模仿这些身材潮流。她写道："维多利亚晚期的裸模将臀部高高翘起，模仿裙撑的效果。20年代的裸模展现出名媛式的慵懒，40年代则通过收腹、提臀、挺胸来塑造当时流行的前凸后平曲线。"时尚史学家詹姆斯·拉韦尔的"性感区变化"理论认为，能激起性欲的身体部位会不断被设计师加以强调，直到这些部位失去吸引力，然后他们的关注点便会转移。当身体的各个部位都被挖掘过，设计师的创造力反而会得到进一步的激发。

"二战"后，时尚回到了过去，或者说，至少回到了它的一种旧有形态。设计师克里斯汀·迪奥在自传中这样描述战后的法国："我们生活在可怕战争的余波中，到处可见其留下的痕迹，破败的建筑、满目疮痍的乡村、配给制、黑市，以及虽然不算灾难性，但令我尤为关注的丑陋的时尚。过大的帽子、过短的裙子、过长的外套、过沉的

---

1 flappers，20世纪20年代西方新一代女性的代名词，起源于"一战"后美国社会、政治、文化的剧烈变动，是"咆哮的二十年代"的产物。经典造型是波波头和短裙。

鞋子。"此时，名为"扎祖"（Zazou）的亚文化风格开始兴起，巧妙地以强调个性的方式回击法西斯侵略。其标志性特点包括短裙、防水台高跟鞋、浓妆和染发。迪奥称"扎祖"为"半存在主义、半僵尸"，并指出它"源于对侵略行为的嘲弄，以及维希政权时期的节俭风格"。"由于材料短缺，羽毛和轻纱被奉为时尚新宠，宛如革命旗帜般飘扬在巴黎上空。不过，这种风格正在逐渐退潮。"

而即将风靡全球的正是迪奥的设计，后来被称为"新风貌"（New Look）。据说这一名称源自时尚编辑梅尔·斯诺的赞赏："这真是一场革命，亲爱的克里斯汀！你的这些衣服展现了如此新的风貌！""新风貌"系列首次亮相时，秀场内外人头攒动，举办走秀的沙龙空间有限，许多观众只能坐在台阶上。迪奥写道："我们周围的一切都在焕发新生，是时候迎来一场新潮流了。"而这正是他为到场观众呈现的主题。迪奥的设计以夸张的肩线、纤细的腰身、饱满的臀部为标志，搭配长而蓬松的裙摆，宛若一朵朵盛开的牵牛花。其中，"巴式夹克"[1]成为迪奥的标志性作品，并成为迪奥品牌延续至今的经典单品。

这究竟是反动还是革命？答案可能是两者兼而有之。战争期间，面料供应因配给制而短缺，促成了短裙风潮的兴起，而功能性配饰（比如防止头发卷入工厂机器的头巾）

1　Bar jacket，bar 一词指代巴黎高级社交场所，象征高雅与品位。这一设计重塑奢华与优雅，呼应战后对美好生活的向往。

也成为主流。同时，橡胶的短缺使束腰带和胸衣面临停产，直到女性写信投诉，指出这些衣物对健康的重要性，战时生产委员会才取消了橡胶禁令。

这种更自由的着装方式在战后初期仍占据主导地位。1946 年迪奥写道："女性的穿着打扮依然带有亚马孙人的风格，而我则希望为花朵般的女性打造设计……我们刚刚经历了一个贫困与节俭的时代，生活被配给制和服装券束缚，我的设计正是对这种缺乏想象力的环境的一种自然回应。"因此，他的服装大胆地使用了大量布料。例如，迪奥提到，制作一条 Chérie 裙就耗费了 80 码[1]的白色绸缎。

"新风貌"到底有多"新"？其线条仿佛在某种程度上呼应了另一个时代的风格。迪奥曾提到，他追求的是一种"脆弱的优雅"，"但这种优雅必须通过坚实的结构来实现……我希望我的裙子能像建筑物一样，根据女性的曲线量身打造，使她们的体态散发独特的风格"。衬垫的使用令人想到战前的丰腴与富足，在战时女性普遍经历饥饿的背景下，肉感曲线几乎成了一种身份的象征。这种造型不仅标志着时尚的演变，也让"旧日"维纳斯式的体型再度成为宠儿。

就如孩童在人生转折阶段依赖的过渡物，"新风貌"成为通往新时代的桥梁，呼应了战乱年代人们对传统主义、

1　1 码约等于 91.4 厘米。

女性气质、安全感和民族自豪感的渴求。女性主义理论家伊利娅·帕金斯在《雅典娜评论》上写道:"迪奥被称为且间歇性地将自己呈现为'革命者',展现求新求变的意愿。然而,他设计中的革命性力量更多源于对往日的追溯,而非对当下的回应。"事实上,迪奥的风格有十八九世纪法国风尚的影子,包括拿破仑三世统治时期和"美好年代"[1]。

他的设计虽深受历史影响,却广受年轻人喜爱,其中包括钟情存在主义风格、常穿全黑套装的传奇歌手朱丽叶·格雷科。"新风貌"及它所象征的法国人对未来的乐观态度,对那些试图摆脱战争阴影的人而言,极具吸引力。然而,这股热潮也引发了争议。对那些因战争而首次进入职场,并暂时被允许拥有更多自由(包括时尚自由)的女性来说,"新风貌"似乎将她们拉回战前的束缚状态。因此,一些人对这场所谓的时尚革命表示强烈反对。摄影师瓦尔特·卡罗内拍摄的一组照片中,几名年长女性愤怒地撕扯一名年轻女性身上的"新风貌"服装。在英国,贸易委员会禁止英国版《Vogue》提及迪奥的名字,担心这可能会推高面料需求。各地抗议活动接踵而至。在加利福尼亚州,一群女性穿着泳衣集会,高举标语"我们真的需要衬垫吗";在得克萨斯州达拉斯,一个名为"裙长及膝俱乐部"的团

1　指19世纪末至"一战"前的欧洲繁荣时期。

体身穿祖母辈的衣服拦截过往车辆，背景乐队演奏着旧时代的音乐，以此讽刺"新风貌"不过是过去的遗物。

迪奥在自传中回忆道，当初前往美国时，他曾受名人"礼遇"。首先遇到一名移民官，他询问了关于裙子长度的问题；顺利通过海关后，迪奥被匆忙带到新闻发布会现场。"由于试图遮盖美国女性神圣的双腿，我面临了严重指控，不得不当场为自己辩护。"当他抵达芝加哥时，秀场"如同被满腔愤懑的主妇们洗劫过，她们挥舞着标语——'打倒新风貌''烧死法国佬迪奥''克里斯汀·迪奥，滚回老家！'"，迪奥仿佛觉得自己是在守护某个阵地，甚至是一种生活方式。

"新风貌"需要打底服的支持，比如常被称作"黄蜂衣"的紧身束腰装，这对身体改造提出了新的要求。尽管最初遭遇了不少阻力，"新风貌"最终占据了主导地位，与50年代流行的机器人子弹形胸罩、伞形蓬蓬裙和紧身束腰裤相互呼应。这类造型将对女性身体的约束与迷恋相结合，通过控制身体传递社会规范。"毛衣女孩"和"蹒跚裙"风潮在展现得体的同时，将身体曲线毫无保留地展露出来。胸罩的衬垫旨在掩盖乳头，即乳房的生理功能。然而，这些设计的背后映射出冷战时期战争机器的影子，那些坚固的束腰和子弹形胸罩正是最直接的体现。

这些概念的核心是胸罩。从古至今它就以不同形式存在。古希腊时期，胸罩是一种包裹胸部的编织带。在紧身胸衣缺席的年代，胸罩才获得了全新的意义。胸罩的诞生得益于对技术的重新重视（及对技术的乐观态度），例如 50 年代出现的弹力织物。同一时期还出现了"训练胸罩"，这成了一种象征性仪式，引导那些尚未真正"需要"穿胸罩的女孩逐步融入胸罩所代表的成年生活。这个名称颇为微妙，仿佛在为少女迎接成年生活的钢圈束缚做准备。胸罩曾经是功能性服装，后来在广告中被塑造成性感符号——一种诱惑工具，而非工程构件。其营销语言也逐渐引入"赋权"的概念。从 1949 年至 1969 年，美国老牌内衣 Maidenform 推出一系列广告，展现女性从事传统上由男性主导的职业，包括斗牛、消防、房屋粉刷等。其中最具冲击力的一则，当属 1952 年的广告——"梦里我穿着 Maidenform 胸罩赢了总统大选"。彼时女性纷纷退出职场，回归家庭，这些职业理想的实现仿佛只能存在于梦境之中。

　　六七十年代，服装轮廓变得更加宽松，不戴胸罩也逐渐成为一种时尚潮流。崔姬[1] 纤瘦的身形成为高端时尚的理想体型。这样的身材标准使女性的身体"定格"在青春期，审美焦点从胸部和臀部转移到纤长的四肢。爆款贴纸"别管乐施会了，给崔姬喂点吃的吧"便是对那一时代

1　崔姬（Twiggy，1949—　　），英国模特、演员、歌手，60 年代时尚界的标志性人物。

的调侃。黛安娜·冯·菲尔斯滕贝格[1] 带火的裹身裙成为性革命的战衣，完美契合当时女性被期望扮演的多重流动角色。

第二波女性主义者常被称为"胸罩焚烧者"，这一说法至今仍遗憾地出现在与女性主义相关的讨论中。该称谓源自 1968 年一个名为"纽约激进女性"的团体对"美国小姐"选美的抗议。该团体由女性主义者卡罗尔·哈尼施领导，她提出了著名的口号"个人的即政治的"[2]。在一份宣言中，该团体抨击了选美背后的物化女性与种族歧视。抗议人群中包括著名女性主义活动家芙洛·肯尼迪和罗宾·摩根[3]。在抗议活动中，组织者将象征女性压迫的物品一一丢进"自由垃圾桶"，包括胸罩、束腰、睫毛夹、女性杂志，以及与家务劳动和低薪粉领[4] 工作相关的物品（如拖把、速记板）。在抗议活动发生前，《纽约时报》误报抗议者计划焚烧胸罩。尽管组织者多次澄清活动

1　黛安娜·冯·菲尔斯滕贝格（Diane von Furstenberg，1946—　），比利时时装设计师，以招牌裹身裙及特色印花闻名于世。裹身裙设计灵感来自芭蕾舞者所穿的上衣。

2　第二波女性主义运动中的重要口号之一。这一概念旨在强调，女性在日常生活中经历的所谓"个人"问题，如家务分工、职场性别歧视、婚姻中的不平等关系，实际上是由更大的社会结构和政治体制所塑造的，并非单纯的私人或个体问题。

3　芙洛·肯尼迪（Flo Kennedy，1916—2000），美国民权律师，常戴着牛仔帽、粉色太阳镜，穿裤装，成为不畏权威、敢于挑战的女性形象。罗宾·摩根（Robin Morgan，1941—　），美国诗人、记者，她编辑的《姐妹情谊就是力量》（*Sisterhood is Powerful*）是女性主义经典读物。

4　pink collar，最早由美国社会学家路易斯·卡瑟提出，用于描述传统上被认为是女性从事的职业类型。与蓝领（体力劳动）和白领（办公室工作）相区分。

中并未真正焚烧胸罩，然而，这一说法迅速被其他媒体捕捉，并成为一种便捷的手段，用以诋毁刚刚兴起的女性主义运动。

随着女性主义运动将胸罩视为压迫的象征，许多女性选择不再佩戴胸罩，这一服饰似乎面临危机。然而，内衣品牌"神奇胸罩"[1]的一项研究发现，女性并不是真的想完全抛弃胸罩，她们只是希望"少穿些胸罩"。基于这一洞察，内衣的营销策略逐渐转向强调"更自由""更自然"的理念。例如，1974年"神奇胸罩"Dici系列的广告语"要穿就穿Dici。没有Dici，不穿也行"。广告片中，一只没有任何装饰的纯白胸罩从盒子里飘出，飞着飞着化作一只海鸥。伴随着画面，一名女性轻声吟唱，歌声描绘微风拂过身体时的舒适与自由。广告的巧思在于将胸罩这一人造物赋予自然意象，重新定义其意义。此外，还有一种策略将内衣与高端时尚相结合。比如，1979年由理查德·埃夫登执导的广告，画面展示模特身着胸罩，为走秀做准备。

尽管公众对胸罩的兴趣减退，设计师们仍不愿放弃这一服饰。于是，一个棘手的商业难题浮出水面——如果女性不再喜欢穿胸罩，那该卖什么给她们？卖……"非胸罩"？1967年设计师鲁迪·简莱什推出了所谓的"非胸罩"。

---

1 Wonderbra，全球内衣品牌，以其创新的上托式钢圈胸罩而闻名。

它本质上仍是一款标准胸罩，但采用了极为轻薄、不含钢丝的设计，穿上后看起来仿佛没有穿胸罩。既然如此，那又何必穿它呢？这种现象让人不禁反思，那些曾被视为束缚的衣物，在稍稍改变形式后，重新回到消费市场，被我们买下。紧身胸衣重生为腰封，束腰转世为 SPANX 塑身衣。

到了 70 年代，盛行的饮食文化和对健身的日益推崇，使得时尚对完美身材的追求彻底转变为对身体的规训。散文家肯尼迪·弗雷泽在 1972 年的文章《健身》（"Fitness"）中写道："时尚几乎与得体和舒适无关，是一种与满足背道而驰的状态。为了变得时尚，十几岁的女孩开始节食……而那些无法掩盖中年赘肉的贴身衣物将在时尚界立于不败之地。" 性与裸体观念日渐开放，时尚界开始思考："用身体给人留下好印象，难道不比衣着打扮更为重要吗？"

80 年代，有氧运动成为信仰，肌肉成了当时最时髦的配饰。《美国精神病》中，叙述者称赞女性的"健美体型"；简·方达的健身视频则完美诠释了这一理想身材。那个时代的紧身风格，例如"紧身衣剪裁之王"阿兹丁·阿拉亚的贴身设计和埃尔韦·莱热的绷带裙，都鼓励，甚至在某种程度上要求消费者为健身投入大量时间。

再往后的十年，健身达人退场，"纸片人"取而代之。最小号连衣裙成为"瘾君子时尚"的象征。资深评论员罗宾·吉夫汉将其形容为"一种虚无主义审美，崇尚瘾君子般的消瘦身材与憔悴面容"。尽管这种美学倾向确实受到毒品文化的影响，但这并非唯一原因。病态消瘦的造型能够主导主流审美，其背后还有其他推动因素。对于大多数女性而言，瘦弱比健美更难实现，它无法通过辛苦锻炼获得，甚至难以在不伤害健康的情况下实现。

极瘦身板与前凸后翘的结合成为90年代中期的标志。就连凯特·莫斯也未能幸免，她在1994年大赞"神奇胸罩"的聚拢效果，称这是唯一能为她带来胸部曲线的内衣。1999年《Vogue》在一篇关于吉赛尔·邦辰的报道中预言了"性感模特的回归"。邦辰当时已经足够苗条，但与莫斯等瘦到皮包骨的模特相比，她显得更具曲线美。《欲望都市》的热播带火了经过脱毛、健身和塑形而随时准备展现性感的身体。这种"理想体态"的塑造离不开修饰、节食和锻炼三者的共同作用。到了21世纪初，甚至连束腰也被赋予"赋权"的意义。萨拉·布莱克利在担任传真机销售员时，无意间发现了一项比她推销的产品更受欢迎的创意。她剪开一双高腰透明连裤袜，制作成临时束腰带，这一巧思最终催生了使她成为亿万富翁的产品——SPANX。（她在接受《纽约客》采访时提到，选择这个名字是因为它传递了"纯洁与性感的反差感"。[1]）据称，她

1　SPANX品牌名来自"spanks"一词，spank有"拍打""打屁股"的意思。

的发明解放了女性，使她们无须再对自己的身体保持高度警觉。"权力内裤""立于巅峰""胜券在握"等系列名称强调了这种赋权理念。包装盒上的口号，如"别把自己和规则看得太重""改变着装方式，就能改变世界！"，更是直白地传递了这种信息。布莱克利在某些圈子被誉为"女性主义英雄"，她曾入选《时代》周刊百大影响力人物，并登上《福布斯》封面。媒体对她的报道时常提及她的"完美"身材，暗示大码女性难以获得同样的认可。正如《时代》周刊所说："SPANX 的讽刺之处在于，发明它并靠它成为亿万富翁的女性，根本不需要它。"

内衣整个品类也被贴上了"赋权"的标签。"维多利亚的秘密"凭借极度性感、难以企及的形象，长期以来一直是内衣界的标杆。然而，随着"身体自爱运动"[1]的兴起，面向"千禧世代"的新产品线也受到影响。例如，蕾哈娜于 2018 年推出的品牌 Savage x Fenty，满足了各种体型的需求，并采用多样化的模特；创立于新千年之初的内衣品牌 Aerie 在 2014 年开始发布未经修图的广告，不同体型的名人身着看上去颇为舒适的无钢圈胸罩。据《纽约时报》报道："让乳房自由舒展的无钢圈胸罩赢得了社交媒体的认可，它展现身体自信、拥抱多样性与真实感（这

1　Body Positivity Movement，一个旨在挑战传统审美标准，促进对所有身体类型和体型的接纳、尊重的社会运动。始于 60 年代的女性解放运动，社交媒体兴起后成为全球范围的文化现象。

也是'维多利亚的秘密'及其子品牌走向式微的原因之一）。"维多利亚的秘密"最终屈服于这股热潮，在2016年推出无钢圈胸罩，并在宣传标语中写道："没有填充物就是性感！"这一宣传让人联想到70年代Dici广告所宣扬的"获得自由"，只是主角并非海鸥。不过，无钢圈胸罩的支撑力有限，更适合小胸女性，而小胸往往与瘦削身形相关。肯德尔·詹娜偏爱无钢圈胸罩，因此被视为此潮流的引领者，但如果身材丰满或罩杯较大的女性选择这种款式，就会被视为不雅。由此可见，无钢圈胸罩的根基并不如其宣称的那样，真正致力于解放所有女性。

与此同时，紧身胸衣迎来了复兴。从衣橱中消失不到一个世纪，它以全新的面貌重新出现，这次被称为"腰部训练器"。这款产品宣称能帮助女性获得（再度被推崇的）沙漏型身材。与紧身胸衣原理相似，它通过收紧身体来塑造纤细的腰线。它同样可能造成器官损伤等健康问题。尽管如此，它仍广受欢迎，金·卡戴珊和凯莉·詹娜等名人纷纷在社交媒体上为其做宣传。在一张照片中，凯莉·詹娜、考特妮·卡戴珊和科勒·卡戴珊都穿着"腰部训练器"，搭配新潮的运动服，仿佛是我们观念转变的缩影。与过去相比，我们为身体所做的努力变得更加透明，含蓄地让每个人看到我们的"蜕变"。这最初可能看起来是一种激进的坦诚，但并不代表我们打破了身材规范。凯莉·詹娜把它当作一种"修复"工具，用于帮助产后恢复身材。卡戴珊的 Skims 系列也包括这款产品，她将其称为"解决方案服"。这一新词将女性的身体结构化为一个可以解决的问题。

如今，我们看似拥有更多自由，但实际上只是将审美标准从时尚界转移到了其他领域。更糟的是，正如哲学家希瑟·威多斯在其著作《完美的我》(Perfect Me)中所述，"美丽的理想正在演变为一种道德理想"，追求美丽已成为一种"道德义务"。她举例指出，人们通过拒绝甜点或坚持锻炼来彰显自己的"美德"，而"自我放纵"则被视为失德、可耻、令人厌恶的行为。未达到审美标准和传统意义上的道德失败一样，都会带来羞耻感，尽管"自我放纵"其实只是顺其自然罢了。

牧师兼作家戴维·扎尔创造了"世俗崇拜"(seculosity)一词，用以描述人们将宗教热忱转移到生活的其他方面。同样，道德语言逐渐渗透到身材管理与日常饮食中——"好"与"坏"的食物、逃健身课被视为"做坏事"。如今，锻炼身体和健康饮食已经取代了传统的阶级标志，成为身份的象征。看看那件印有"羽衣甘蓝"（"KALE"耶鲁体）字样的运动衫。常春藤盟校的运动服曾是社会地位的象征；而如今，绿叶菜才是你所能拥有的最高荣誉。

背景设置在 50 年代的剧集《了不起的麦瑟尔夫人》中，有一集描绘主角们辛苦地上高难度健身课。观看时，我不禁感叹她们对锻炼的公开厌恶透着一种令人怀念的复古感。而如今，我们必须宣称锻炼是为了自己——作为自我关怀、自我赋能，或者"健康之旅"的一部分。标准实际上并没有更宽松，只是变得更隐蔽。我们必须假装享受锻炼，记录身体"成长故事"的每个章节，并将这一切称作"旅程"。我们还要表现得乐在其中，因个人提升而欣喜。精品健身房内，音乐震耳欲聋，与陌生人一起做平板支撑的场景，俨然是一场灵性又带点情欲的仪式，与贴身热舞有异曲同工之妙。

福柯在《自我关怀》（*The Care of the Self*）中写道："所有自我实践的最终目的仍属于控制伦理的范畴。"过去，我们会把精力放在给身体穿衣服上；而如今，我们转向训练身体，其驯化得如同一匹听话的马。希亚·托伦蒂诺在《魔术镜：反思自我错觉》（*Trick Mirror: Reflections on Self-Delusion*）中指出，休闲运动风乃是制服优化的终极形态，是一种"晚期资本主义的恋物之衣……简直为这个时代量身打造——一个将工作包装成乐趣，让职员甘心被驱使的时代。对女性而言，变美成了她们的工作，而她们必须乐在其中"。在这种思维模式下，节食、运动、填充、打肉毒杆菌，甚至整容手术，成了抵抗衰老冬天来临的手段，试图将青春紧致的身体定格成琥珀。置身这样的视觉文化中，关注自己的身体在某种程度上成了一种商业上的理性选择。这不仅适用于演员、模特或其他领域的名人，对普通人亦然。我们耕耘自己的身体，期待收获成果。当我们进行这项劳动时（没错，它确实是劳动），我们正在参与社会学家伊丽莎白·维辛格所称的"魅力劳动"（glamour labor）——一种既要通过锻炼管理个人形象，又需修饰网络形象以创造和维持个人潮流指数的双重努力。

现在的环境鼓励我们将运动专业化，像运动员一样进行训练。我们为身体付出劳动（跑半马、泡健身房、徒步），并通过在线劳动记录和展示（终点线的自拍、跑步轨迹、带有"#健身伴侣"标签的情侣共练照、在山顶举拳庆祝的胜利照）。这些在线劳动一方面是为了证明你并未过度严肃对待运动，另一方面则是展现你有趣的个性——你会在终点线痛饮啤酒，或者在跑最后一圈时扮鬼脸。你可能还会拍一组"网络 VS 现实"的对比照，毫不掩饰自己的不完美形象。这样的自我展示在虚拟世界可以容纳一些松弛和讽刺，在现实世界却没有那么多余地。

休闲运动装的内在矛盾在于，它既让人感到舒适，又带来束缚感。这是一种经过自我优化的严肃制服，是健身房内的正装，同时又能作为日常穿搭。与伪素颜妆一样，你需要格外努力，才能看起来毫不费力。

科技已经将人类从扫地、洗碗、手洗衣物等家务劳动中解放出来，在美容劳动上却正相反。从前由紧身胸衣和束腰完成的工作，如今都被我们自己接手，且难度有增无减。即使拥有健身教练、营养师等资源的名人，也难以应对日益细化且变幻莫测的身材理想。而整形手术成了克服这些障碍的一种手段。尽管很少有名人公开承认整形，但这早已是公开的秘密。Instagram 热门账号 @ 名人脸（@Celebface）、@ 名身体（@Famous Bodies）等记录了名人（包括网红）整容前后的变化。这些图片既可以看作揭秘，也可以用作造型手册，供人展示给整形医生，就像把名人照片拿给发型师参考一样。我们曾经只为特殊场合盛装打扮，现在却必须像名人一样，随时准备迎接镜头。由于与名人共处同一平台，我们的比较对象不再仅限于认识的人，还有那些以美为职业的专业人士。我们的行为变得更加透明，普通人模仿明星，展示自己的饮食（"今日食谱"视频在抖音上十分受欢迎）和健身计划。至于我们为什么要花费如此多精力，是否值得这样做，就没人愿意分享了。

目前，身体形象的流行趋势几乎已超越了服装的流行趋势。前者的标准难以达到，且需要投入更多的钱。正因如此，既纤瘦又健美的身材成了一种阶级标志，暗示着你在外表上花费的金钱和时间。从完美大腿缝到针对人为定义的身体"缺陷"如臀凹陷的健身视频，总有新的标准和趋势吸引着你的目光。我们总是在追寻一个在实现之前就已经变形的理想。文化理论家梅雷迪思·琼斯曾撰文探讨"改造文化"的概念，认为"身体、自我和环境必须处于不断翻新、修复、维护和改善的状态下"，就像我们在准备将房子挂牌出售之前，必须对其进行持续的大规模修缮。

这引出了一个问题：这种现象的出现对时尚意味着什么？如果时尚越来越重视体型而非服装，设计师是否有一天会变得多余？他们会被能够"重新设计"身体的整形外科医生取代吗？时尚史将走向何方？或许我们在前进和后退之间都有所行动。随着"身体自爱运动"的兴起和对多样性的推崇，美的理想在某些方面变得更加狭窄，同时又在其他方面变得更加广阔。美在某种程度上变得更多样，也更难以实现。我们离多元文化理想中的美越来越近，这令人欣喜，却也不禁感到有些姗姗来迟。正面来看，这种趋势重新定义了"美"，让更多人得以被纳入"美"的范畴，但也带来更大的压力，迫使我们力求完美、面面俱到。蒂娜·费[1]在自传《"霸道"女主》(*Bossypants*)中谈及美的标准（不得不说，该书的刻板印象相当严重）时指出："现在，每个女孩都被期望拥有高加索人的蓝眼睛、西班牙人的丰唇、古典的小巧鼻头、亚洲人的皮肤质感、加利福尼亚州人的古铜肤色、牙买加舞厅的电臀、瑞典人的长腿、日本人的小脚、健身房女同老板的腹肌、九岁男孩的细窄骨盆、米歇尔·奥巴马的手臂，再加上洋娃娃般的乳房。现实中最接近这一描述的是金·卡戴珊，但世人皆知，她

---

1 蒂娜·费（Tina Fey, 1970— ），美国剧作家、喜剧演员、制片人，至今已获得 6 次艾美奖、3 次金球奖，以及 3 次美国演员工会奖。

是俄罗斯科学家制造出来的，专门用来摧毁美国运动员。"费在 2011 年写下这些话时，Instagram 还没多大影响力；之后，我们面临的挑战不断升级。每出现一张勇敢展示妊娠纹或橘皮组织的自拍，就会有一张把脸修得像布拉茨娃娃 [1] 的照片；每当有人为新手妈妈发声，反对她们所承受的过高要求时，就会有一个"金小妹"发自拍推广"产后快速恢复"套餐。

理论上，我们可以通过社交媒体看到多种类型的身体，但事实上，身材标准不断收紧。即便我们拓宽了完美身体的定义，旧有的框架依然存在。举个例子，作家兼时尚博主妮科莉特·梅森曾写道，尽管秀场和广告对不同体型、不同身材的模特的接受度不断提升，但"凡是能出现在杂志、广告、秀场上的 14 码以上女模特，必然拥有完美的沙漏形身材"。阿什莉·格雷厄姆被视为当今最成功的大码模特之一，但遗憾的是，她是秀场唯一的大码模特。她的体型无疑对她获得主流成功起到了帮助。人们仍热衷于给大码女性提建议，比如要穿得"讨喜"、要选择收腰设计。梅森总结道："时尚界只推崇完美的身材比例。也就是说，就算你终于与 14 码以上的身体和解，你的身体仍须在一切适当的位置拥有曲线。"这里的"完美"和"适当"两个词用得极为微妙，我们依然在为身材和体型赋予

1　Bratz doll，于 2001 年推出的一系列玩偶，设计特点与芭比娃娃有着显著的不同，有着更夸张、成人化的面容和造型风格，针对七至十二岁女孩市场。

道德价值，区分"合规"与"不合规"的身体。

既然身体已经成为终极硬通货，那么我们还有可能摆脱它的束缚吗？最初的"身体自爱运动"已经转向追求身体中立——将我们的物理形态视为空间中的一部分，不带任何情感色彩。然而，只要身体在我们的精神世界中仍然占据如此重要的地位，只要我们继续生活在这种崇尚"不断自我提升"的文化氛围中，我们恐怕永远无法真正做到这一点。

如果将扎尔的"世俗崇拜"理念延伸开来，用自我关怀取代宗教信仰，那么当下的强迫性自我关怀便可视为卡尔·马克思所批判的"人民的鸦片"。这里提到的自我关怀与奥德雷·洛德的诠释[1]截然不同。洛德的理念是通过鼓励个体关怀自我，从而增强社区的凝聚力。而如今的自我关怀不仅背离了初衷，更在面对更广阔世界时选择了退缩。商业化的自我关怀像是对传统"魅力劳动"的重新包装。算法奖励的是勤奋和重复，鼓励我们在无尽的回响漩涡中迷失自我。这种自我关怀与其说是为了自己，不如说是为了迎合世界的期待。福柯写道，纪律的目的是"使身体变得温顺且高效，让身体成为一台机器，输入特定的行为模式后，便能优化、计算和改进其功能"。我们试图成

1　洛德为自我关怀引入更广泛的社会文化视角。她将自我关怀视为一种政治行为，鼓励女性和边缘群体通过自我关怀获得力量。

为鲁布·戈德堡机械[1]中那些闪闪发亮、运转良好的齿轮，并在这一过程中放弃自己的社会角色。

这也是为什么近年来自我关怀与社区关怀之间的矛盾变得如此突出。实际上，很少有系统性问题能通过自我关怀真正得到解决。社区组织者、研究员纳基塔·瓦莱里奥曾说："对那些真正需要社区关怀的人高喊'自我关怀'，我们就是这样令人失望的。"在政府和教会未能发挥作用的地方，社区组织者挺身而出，比如为食不果腹的人设立社区冰箱，为无家可归者建立庇护所。新自由主义鼓励我们不断关注自我，而社区关怀则要求我们跳出自我框架。当每个人都能从自身之外的角度思考时，也许就能挣脱自我关怀所设下的自恋陷阱。

更具挑战性的部分可能是重新编码那些在我们内心流动、围绕自我提升的观念和叙事。在这个崇尚外表的行业里，我拥有一个不羁的、永远不合时宜的身体，我常常困惑自己所做的事情，究竟有多少是出于真正的喜爱，多少是为了迎合他人、紧跟潮流。曾经，这种"紧跟潮流"仅限于时尚编辑们那个封闭的世界，写作和编辑仍然是工作的主要职责。而如今，我们的形象与身体常常被置于聚光灯下，编辑们也为了社交媒体上的照片而捯饬自己。（编

---

1 指设计极为精密复杂，却只用于完成最简单工作（例如倒咖啡、打鸡蛋）的机器。最初出现在美国漫画家鲁布·戈德堡的作品中，因而得名。

辑们时常会收到免费的健身或训练课程。）这不仅仅是虚荣心在作祟，它的确能切实提高你的就业概率。如果你能穿上模特尺寸的衣服，把穿搭发到 Instagram 并吸引粉丝，就能获得更多工作机会。诚然，上述都属于"第一世界问题"的范畴。然而，随着我们的生活与名人生活的交集日益加深，普通人面临的压力也在不断增加，不仅要以明星的速度追赶审美标准，还要像明星一样在社交媒体编织自己的生活叙事轨迹，用恋爱、结婚、生子等人生大事持续吸引"公众"的关注，而且这一切还必须表现得轻松、坦诚。如今，万物皆可作为视觉媒介，我想越来越多的职业正在或即将步入这一趋势。宣称"我将彻底停止自我宣传与自我揭露"，无疑会让一些事情变得更加困难，比如推广一本书或在出版行业工作。这在 1995 年是不会发生的。事实上，如果有人在 1995 年像如今普通人那样在社交媒体上进行自我宣传，那么他很可能会被当作烦人的疯子。

这股永不止息的压力正是为什么一个经过打磨、更加精致、符合大众审美标准的我——当然，也是更瘦的我——总是浮现在我面前，挑衅我不断追赶。（同时，这也是为什么我常常幻想自己只是一个装在罐子里的脑袋，偶尔去树林里散步，呼吸些新鲜空气。）在我的职业背景下，我能理解名人维持"完美"身材的困难，但我更明白要放弃那种追求完美、不断提升自我的心态几乎是不可能的。锻炼身体和直觉饮食法[1]是值得实践的生活方式，但当你的内在感知不断被扭曲，最终支离破碎时，又该如何实现呢？在我游泳、徒步时，总有个声音在用世纪初健身杂志的语气对我说"这个动作做 20 次，背部脂肪就会消失（这是好事）""爬上这些山，小腿会变粗（这是坏事）"。身体警察早已潜入我的脑海。尽管我喜欢户外活动，也享受运动带来的疗愈，但似乎始终无法完全摆脱那种自我完善的狂热，无法回到少年时那个单纯热爱运动、不作他想、投入大自然的自己。接着，我陷入因为不喜欢自己的身体而自责的循环。（都怪那什么"身体自爱"！）我想我并不孤单，我们都在不遗余力地否认自己正走向衰退与萎缩，要彻底摆脱这种思维模式，与从一个以此为核心的社会中抽身一样无望。年轻一代的处境可能更糟，他们甚至没有经历过一个关注自己兴趣，而非执着于打造个人品牌的时代。如今，我们被期待成为一家公司，一人身兼多职——既是首席执行官、创意总监，又是营销总监和清洁工。

这种对"身体自我"的狂热关注，试图将身体定义为高于我们所有物的存在，并没有使我们更自由。这也是我对这种专注于"完美身体"的趋势感到不适的原因——这种专注与塑造、装饰身体的衣服有所不同。最初，这看似是一种进步。我们意识到，与几个世纪以来时尚对我们的

1　由美国营养师伊夫琳·特里博尔和埃莉丝·雷施在 2015 年提出，主张听从身体信号进食，不受外界环境、心情、饮食规范的影响。

规训相反，我们不再需要花钱定期更新衣橱，服装也不再是彰显身份的工具。然而，结果只是一个身份象征被另一个所取代。完美外表与理想衣橱一样，都是奢侈品，前者甚至比后者更难以企及。毕竟，哪一个更难获得，红毯礼服还是穿上它的完美身体？

后记
"说真话的人都坐后排"

比尔·坎宁安开创了现代"街头时尚"概念，甚至能在非时尚空间里发现时尚。20世纪60年代，他在奥斯卡·德拉伦塔的时装秀中途离场，去外面拍摄反越战游行的人们的穿着。如今，街头时尚已成为普遍的营销工具，但对坎宁安而言，捕捉街头时尚是一项由时尚圈外人进行的人类学研究。正如我在《纽约》杂志上为他撰写的讣告中所说："这种自我抽离在时尚界已十分罕见，今天的记录者更倾向于成为故事的一部分。坎宁安与精英阶层的疏离，使他能与时尚中真正蕴含活力的部分——年轻人、古怪边缘人和无业游民——产生联系。"

如今，粉丝数的重要性已超越了真诚的个人风格和自我表达。社交媒体变得和传统媒体一样以广告为导向，甚至连真实性和瑕疵看上去都像营销噱头，这种现状让人对时尚的未来失去期待。世纪之交备受推崇的"风格民主化"，最终也不过是让所有人都能买到同质化的低价基本款。文化编辑罗伯·霍宁在文章《意外的拼装》（"The Accidental Bricoleurs"）中，提出了一个重要观点：社交媒体和快时尚这两种通过资本主义承诺民主的技术之间存在着密切的内在联系。它们都为我们提供了看似无尽的模块化选择，表面上允许我们"表达自我"。然而，实际上，它们让我们看起来和感觉上越来越相似。

在这个科技主导一切的时代，我们扮演着自己的视觉身份，以获得认同。我们的身体和家园也被循环往复的潮流所冲击，时刻要求我们呈现出一种不费力的酷感，并像90年代的麦当娜那样频繁地自我重塑。我们所穿、所看、所吃、所买的数据都会被喂给广告商，他们据此向我们推送符合预期的产品，从而强化一个无休无止的反馈循环。这显然不利于激发创造力或反叛精神。

真正的风格诞生于那些无法量化的因素。正如我此前提到的，在广受喜爱的时尚偶像中，有些人通过反抗千篇一律的同质化现象，逐步形成了自己的独特风格。在这个乏味而单调的世界里，那些刻意凌乱、具有挑战性和真实性的事物总能吸引我们的目光。而最重要的是，它们必须是新鲜的。

将"民主"一词用于任何消费主义追求都有些荒谬。然而，时尚产业内确实存在一丝平等。虽然顶层依然由封闭的精英圈子占据，但其繁荣有赖于圈外人，甚至是"怪人"的贡献——朋克、哥特，以及坐在食堂角落的戏剧社青年。下一种风格不会诞生于算法，而会源自坎宁安钟爱和欣赏的那些僭越者，他们打破了"好看"的固有模式，挑战性别和自我呈现的传统观念。

新浪潮正在我们身边涌动，搅动着时尚的陈规，改变着我们对美、身体，以及富有野心的造型的理解。尽管前方还有很长的路要走，但在过去几年中，种族、体型、性别在传统时尚媒体中的呈现方式已大为拓宽。我相信未来这一情况会进一步好转。在我看来，即将到来的时代会与 90 年代颇为相似，拒绝表面化、乏味无趣和千篇一律。Instagram 上相似的球鞋运动装与网红们的半永久造型终将过时，而反抗、叛逆、自我表达将迅速填补这一空白。与其试图破解日常穿搭的公式，不如怀抱一丝希望，与时尚重新建立联结。

在本书中，我希望重点探讨时尚与日常生活的交集，同时渐次展开时尚产业存在的诸多问题，包括服装生产对环境造成的负面影响、塞爆垃圾填埋场的快时尚废弃品、对廉价劳动力的依赖等。我和大家一样对时尚的种种罪恶深感忧虑，但我始终认为很难将时尚作为一个整体来讨论。这个词涵盖的范围极广，从高级定制工作室到快时尚巨头，再到来自老挝、悉尼、首尔的年轻设计师，她 / 他们决心以自身形象创造新世界。而我想重点关注的正是最后这一群人。

奢侈品的许多部分都建立在"继承"的概念上，即通过消费而非血统获得精英身份。购买这件昂贵的物品，你就能被纳入这个尊贵的群体。令人欣慰的是，近年来年轻设计师们正颠覆这一叙事。Vaquera 和 Hood by Air 等设计团体已抛弃"作者"（auteur）这一概念，在他们的类似于即兴活动的时装秀中纳入了各行各业的人。设计师特尔法·克莱门斯推出的包袋价格较为亲民，有"布什威克[1]铂金包"之称，借此反对奢侈品行业的排他性及排队等待机制。风格各异的设计师纷纷突破包容性、性别表达和自我展示的界限。

说时尚已死气沉沉、破碎不堪，认为没有什么能让我们脱下单调的运动裤，这些唱衰时尚的言论已成为陈词滥调。时尚史告诉我们，这是一个依靠新想法才能蓬勃发展的领域。正如坎宁安所言，变革绝不会来自主流体系。它来自年轻人、秀场破坏者、坐在最后一排的人。

1　美国纽约市布鲁克林北部的一个下层中产阶级社区。

延伸阅读

Roland Barthes, *The Fashion System,* 1967

Simone de Beauvoir, "Brigitte Bardot And The Lolita Syndrome," *Esquire,* 1959

Edward Bernays, *Propaganda,* 1928

Kyle Chayka, "Welcome to Airspace," The Verge, 2016

Anja Aronowsky Cronberg, "Docile Bodies," *Vestoj,* 2013

Elizabeth Currid-Halkett, *The Sum of Small Things,* 2017

Aria Dean, "Closing the Loop," *The New Inquiry,* 2016

Christian Dior, *Dior by Dior,* 1957

Fiona Duncan, "Normcore: Fashion for Those Who Realize They're One in 7 Billion," *New York,* 2014

Michel Foucault, *Discipline and Punish,* 1977

Kennedy Fraser, *The Fashionable Mind,* 1981

William Gass, *On Being Blue,* 1975

Tavi Gevinson, "What Instagram Did To Me," *New York,* 2019

Dick Hedbige, *Subculture: The Meaning of Style,* 1979

Amanda Hess, "Celebrity Culture Is Burning," *The New York*

Times, 2020

Anne Hollander, *Sex and Suits: The Evolution of Modern Dress,* 1994

bell hooks, *Black Looks: Race and Representation*, 1992

Rob Horning, "The Accidental Bricoleurs," *n+1*, 2011

K-Hole, "Youth Mode: A Report on Freedom," 2013

Audre Lorde, A Burst of Light: and Other Essays, 1988

Alison Lurie, *The Language of Clothes*, 1981

Amanda Mull, "It's All So … Premiocre," *The Atlantic,* 2020

Laura Mulvey, *Visual and Other Pleasures*, 1989

Jenny Odell, *How To Do Nothing,* 2019

Venkatesh Rao, "The Premium Mediocre Life of Maya Millenni-
al," *Ribbonfarm*, 2017

Georg Simmel, "Fashion," 1904

Kassia St. Clair, *The Secret Lives of Color,* 2016

Jean Stein, *Edie,* 1982

Judith Thurman, "The Misfit," *The New Yorker,* 2005

Jia Tolentino, *Trick Mirror,* 2019

Heather Widdows, *Perfect Me: Beauty as an Ethical Ideal*, 2018

SPRING 野
更具体地生长

主　　编｜徐　露
策划编辑｜赵雪雨

营销总监｜张　延
营销编辑｜狄洋意　许芸茹　韩彤彤

版权联络｜rights@chihpub.com.cn
品牌合作｜zy@chihpub.com.cn

野望
SPRING
MOUNTAIN

出品方　春山望野(北京)
文化传媒有限公司

Room 216, 2nd Floor, Building 1, Yard 31,
Guangqu Road, Chaoyang, Beijing, China